Axel Gutjahr

Taschenatlas
Tiere des Gartenteichs

113 Arten im Porträt

Ulmer

Inhalt

Bibliografische Information der Deutschen Nationalbibliothek
Die Deutsche Nationalbibliothek verzeichnet diese Publikation in der Deutschen Nationalbibliografie; detaillierte bibliografische Daten sind im Internet über http://dnb.d-nb.de abrufbar.

Wollgrasweg 41, 70599 Stuttgart (Hohenheim)
E-Mail: info@ulmer.de, Internet: www.ulmer.de
Umschlaggestaltung: Atelier Reichert, Stuttgart
Lektorat: Dr. Eva-Maria Götz, Tanja Klein
Herstellung: Silke Reuter
Satz: Typomedia GmbH, Ostfildern
Reproduktion: BRK, Stuttgart
Druck und Bindung: Firmengruppe APPL, aprinta Druck, Wemding
Printed in Germany

ISBN 978-3-8001-5176-9

Vorwort

Das vorliegende Buch stellt in einem Überblick die wichtigsten Tierarten vor, die entweder direkt im Gartenteich leben oder sich häufig in der Nähe seiner Uferbereiche aufhalten. Manche dieser Tiere, beispielsweise Goldfische und Teichmuscheln, wird man meist im Fachhandel erwerben, während sich andere Arten, wie Frösche und Molche gewöhnlich ohne unser Zutun ansiedeln. In diesem Zusammenhang sei auch darauf verwiesen, dass man ohnehin viele Tiere nicht einfach in der freien Natur fangen darf, da sie unter Schutz stehen.

Mindestens genauso frevelhaft wäre es, Fische, die sich im Gartenteich zu stark vermehrt haben oder zu groß geworden sind, einfach in der Natur auszusetzen. Wenn es sich nämlich dabei nicht um standorttypische Arten handelt, würde mit ihrem Aussetzen einer Faunenverfälschung Vorschub geleistet.

Ich möchte mich an dieser Stelle ganz herzlich bei allen Bildautoren bedanken, die nicht nur mit ihrem Fotos zum Gelingen dieses Buches beigetragen haben, sondern mir auch einige wertvolle Hinweise gaben, die eine entsprechende inhaltliche Berücksichtigung fanden.

Weiterhin gilt mein Dank der Lektorin, Frau Dr. Götz, die mir jederzeit mit Rat und Tat zur Seite stand.

Axel Gutjahr
Stadtroda, im Herbst 2007

Einleitung

Die Zusammenstellung der Tierporträts soll ein ausgewogenes Verhältnis zwischen Arten, die bereits seit Jahrzehnten zu den Dauerbrennern zählen, und solchen, die weniger bekannt sind oder nicht so häufig von selbst in den Gartenteich einwandern, darstellen. Arten, wie etwa Wasserflöhe, *Daphnia* spp. und Pantoffeltierchen, *Paramecium* spp., die so klein sind, dass man sie nur mit einer Lupe oder gar einem Mikroskop gut betrachten kann, und für die sich die meisten Gartenteichbesitzer nicht vordergründig interessieren, werden in diesem Taschenatlas nicht berücksichtigt.

Die porträtierten Tiere sind innerhalb der Klassen entweder alphabetisch geordnet, wie die Fische, oder wurden wie die Lurche nochmals in die verschiedenen Ordnungen unterteilt. Innerhalb der Ordnungen sind die Tiere nach Familien gruppiert. Bei Arten, für die mehrere Populärnamen existieren, wurde die gebräuchlichste Bezeichnung als Ordnungskriterium ausgewählt, die weiteren aufgelistet. Daneben findet sich bei jedem Tierportrait die aktuelle wissenschaftliche Bezeichnung, die aus zwei Wörtern besteht, von denen das erste die Gattungs- und das zweite die Artzugehörigkeit angibt. Sowohl diese Bezeichnung als auch der wissenschaftliche Familiennahme liefern wichtige Hinweise auf den Grad der verwandtschaftlichen Beziehung, der zwischen einzelnen Tierarten besteht.

Mit diesem Taschenatlas kann der Leser an Hand der Fotos und Piktogramme Tiere schnell und sicher bestimmen. Er erfährt das Wichtigste zur Verbreitung, zu Lebensraum, Nahrung, Vermehrung und Lebensweise dieser Tiere. Mit diesem Wissen kann er seinen Gartenteich gezielt so gestalten, dass sich sowohl die eingesetzten als auch zugewanderte Arten in diesem Biotop wohlfühlen.

Erklärung der Piktogramme

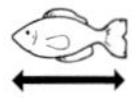

Länge, die ein voll entwickeltes Tier in cm erreichen kann (M = Männchen; W = Weibchen)

Bereich im oder am Gartenteich in dem sich erwachsene Tiere bevorzugt aufhalten

Hauptvermehrungszeit

Schutzstatus

Körperlänge

Es wird die Körperlänge der erwachsenen Tiere in Zentimetern angegeben. Dabei handelt es sich um Durchschnittswerte, die bei den einzelnen Tieren geringfügig nach oben oder unten abweichen können. Falls männliche und weibliche Tiere deutlich unterschiedliche Körperlängen aufweisen, werden diese gesondert angegeben.

Teichbereich, in dem sich die erwachsenen Tiere bevorzugt aufhalten

A = mehr oder weniger alle Teichregionen, inklusive Ufer
B = Teichboden oder oberflächennaher Bereich
L = nur zu Laichzeit im Teich
M = Mittelwasser
O = Oberfläche oder bodennaher Bereich
U = Uferregion
F = ufernahes Flachwasser

Vermehrungszeit

Stellvertretend für die Monate der Vermehrungszeiten stehen römische Zahlen. Dabei

handelt es sich um Durchschnittswerte, denn die Vermehrungszeit wird von klimatischen Unterschieden im jeweiligen Biotop beeinflusst. So ist es möglich, dass sich die gleiche Art in einem Gebiet mit sehr mildem Klima einen Monat früher fortpflanzt, als in einer Gegend mit sehr kühler Witterung. Durch den sogenannten Urbanisationseffekt ist dies auch oft in Großstädten der Fall, in denen die Jahrestemperatur durchschnittlich meist um 3 bis 5 °C höher liegt als im Umland.

Geschützte Arten

Die jeweiligen Tierarten besitzen ihren Schutzstatus entweder auf der Grundlage von Bundes- oder EU-Recht.

Arten, die unter Naturschutz stehen, dürfen nicht der Natur entnommen und im Gartenteich eingesetzt werden. Ebenso ist es nicht gestattet, geschützte Tiere, die von selbst in den Teich eingewandert sind, zu entfernen. Dies gilt auch für Frösche, selbst wenn man ihr Gequake als störend empfindet!

Die Tiere von A-Z

Piktogramme

Länge, die ein voll entwickeltes Tier in cm erreichen kann (M = Männchen; W = Weibchen)

Bereich im oder am Gartenteich in dem sich erwachsene Tiere bevorzugt aufhalten

A = mehr oder weniger alle Teichregionen, inklusive Ufer
B = Teichboden oder bodennaher Bereich
L = nur zu Laichzeit im Teich
M = Mittelwasser
O = Oberfläche oder oberflächennaher Bereich
U = Uferregion
F = ufernahes Flachwasser

Hauptvermehrungszeit: Monate in römischen Ziffern

Schutzstatus: ja oder nein

Amerikanischer Hundsfisch

Umbra pygmaea

M 15 cm W meist kleiner | M | II–IV | nein

Familie: Umbridae, Hundsfische.

Verbreitung und Lebensraum: Das Hauptverbreitungsareal dieser Art erstreckt sich entlang der Ostküste der USA. Hier besiedelt der Amerikanische Hundsfisch vor allem Überschwemmungsgebiete, Flussniederungen und Sümpfe. In Mitteleuropa wurde der er in mehreren Gegenden ausgesetzt, an denen er sich stellenweise dauerhaft etablierte.

Nahrung: Er frisst so ziemlich jedes Lebendfutter, das nur irgendwie ins Maul passt. Außerdem lassen sich die Fische auch an Frost-, Trocken-, und Kunstfutter gewöhnen. Wenn man diese kleinen Fressmaschinen genauer bei der Nahrungsaufnahme beobachtet, drängt sich unweigerlich der Vergleich mit dem Hecht, *Esox lucius*, auf, dem die Hundsfische auch tatsächlich verwandtschaftlich nahe stehen.

Vermehrung: Zu Beginn der Laichzeit wühlen die Weibchen im Boden eine flache Nestmulde, die zur Aufnahme des bis zu 300 Eier umfassenden Geleges dient. Bis zum Schlupf der Jungen, der etwa nach einer Woche erfolgt, betreut das Weibchen das Gelege. Dann erlischt ihr Brutpflegetrieb. Junge Hundsfische neigen zum Kainismus, also zum Geschwisterfressen. Dies lässt sich durch reichliche Fütterung etwas eindämmen.

Lebensweise: Es handelt sich um gesellige Schwarmfische. In Gewässern mit geringem Sauerstoffgehalt wird atmosphärische Luft an der Oberfläche aufgenommen und in der Schwimmblase gespeichert.

Amerikanische Rotflossenorfe

Notropis lutrensis

8 cm	O–M	IV–V	nein

Familie: Cyprinidae, Karpfenfische.

Verbreitung und Lebensraum: Das Verbreitungsgebiet der Amerikanischen Rotflossenorfe, die nicht wenige Gartenteichbesitzer für den schönsten Kaltwasserfisch halten, erstreckt sich von den mittleren Bundesstaaten der USA bis nach Mexiko.

Nahrung: Diese Fische fressen am liebsten kleines Lebend- und Frostfutter. Sie lassen sich aber auch problemlos an industriell hergestelltes Kunstfutter gewöhnen. Außerdem nehmen sie gelegentlich pflanzliche Nahrung auf, die ihnen in Form von Grünalgen möglichst immer ad libidum zur Verfügung stehen sollte.

Vermehrung: Falls die Fische nicht ganzjährig im Gartenteich gepflegt werden, ist es wichtig, dass die Haltungstemperatur im Winter 8 bis 12 °C nicht übersteigt, denn dies würde sich negativ auf die Fortpflanzung im kommenden Frühjahr auswirken. Zum Ablaichen bevorzugen die Amerikanischen Rotflossenorfen feinfiedrige Wasserpflanzenbestände, die sich über kieshaltigem Untergrund in den Flachwasserbereichen des Teiches befinden.

Lebensweise: Amerikanische Rotflossenorfen sollten immer in Gruppen von mindestens sechs Exemplaren gepflegt werden. Es handelt sich um friedliche, äußerst agile Fische, die viel freien Schwimmraum benötigen. Am wohlsten fühlen sie sich in klarem, sauerstoffreichem Wasser, das eine leichte Strömung aufweist.

Asiatischer Bitterling

Rhodeus sericeus sericeus

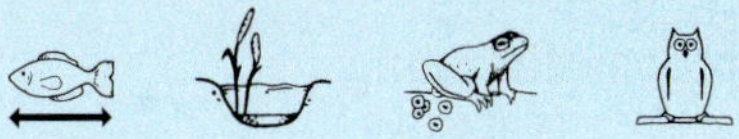

Familie: Cyprinidae, Karpfenfische.

Verbreitung und Lebensraum: Der Asiatische Bitterling ist in einem sehr weitläufigen Gebiet verbreitet, das sich von China bis Taiwan erstreckt. Hier besiedelt er sowohl stehende als auch langsam fließende Gewässer.

Nahrung: Bei der Haltung von Bitterlingen ist es wichtig, dass den Fischen immer ausreichend pflanzliche Nahrung in Form von Grünalgen oder zarten Blätter feinfiedriger Wasserpflanzen zur Verfügung steht. Diese Nahrung sollte kontinuierlich durch Lebend-, Frost-, Kunst- und Trockenfutter ergänzt werden.

Vermehrung: Zum Ablaichen benötigen die Bitterlinge eine Maler- oder Teichmuschel, zwischen deren Kiemenblättern das Weibchen mit seiner etwa 9 cm langen Legeröhre die Eier deponiert. Unmittelbar danach spritzt das Männchen Sperma über die Einströmöffnung der Muschel, um die Eier zu befruchten. Das sauerstoffreiche Wasser, das die Muschelkiemen umgibt, fördert die Entwicklung des Bitterlingslaiches, aus dem nach zwei bis drei Wochen die Jungen schlüpfen. Kurze Zeit später verlassen sie die Muschel.

Lebensweise: Der Asiatischen Bitterling ist ein friedlicher Fisch, der sich gut vergesellschaften lässt. Wegen der Muscheln sollte das Bodensubstrat aus Sand oder feinem Kies bestehen. Dichte Pflanzenbestände und Wurzeln komplettieren den Teich.

Blaubandbärbling
Pseudorasbora parva

M 7–10 cm
W meist größer | M | III–VI | nein

Familie: Cyprinidae, Karpfenfische.

Verbreitung und Lebensraum: Ursprünglich waren Blaubandbärblinge nur von Japan und Korea über Ostchina bis Taiwan verbreitet. In den letzten Jahren wurde diese Art aber in vielen Gegenden Russlands sowie in Mitteleuropa ausgesetzt, wo sie sich seitdem immer weiter ausbreitet.

Nahrung: Blaubandbärblinge sind ausgesprochen problemlose Kostgänger, die sowohl Lebend-, Frost-, Kunst- als auch Trockenfutter akzeptieren. Eine besondere Vorliebe haben sie für Anflugnahrung, die noch intensiv auf der Wasseroberfläche zappelt. Zusätzlich nehmen sie kleine Mengen pflanzlicher Nahrung auf, die ihnen möglichst immer ad libidum zur Verfügung stehen sollte.

Vermehrung: Das Ablaichen erfolgt häufig an feinfiedrigen Pflanzen, wobei jedes Weibchen seine Eier in drei bis fünf Schüben ausstößt. Anschließend bewacht das Männchen das Gelege. Bei einer Wassertemperatur von 20 °C vergeht rund eine Woche bis zum Schlupf der Larven. Diese schwimmen sich nach 48 Stunden frei.

Lebensweise: Blaubandbärblinge sind sehr friedliche, schwimmfreudige Fische. Man sollte sie in Gruppen von acht oder mehr Exemplaren halten. Interessant sind die lauten knackenden Geräusche, die diese Fische vor allem nachts von sich geben und deren genaue Bedeutung bisher nicht geklärt werden konnte.

Bokermann's Fächerfisch
Simpsonichthys bokermanni

W 3 cm
M 4 cm

M–B

ganzjährig

nein

Familie: Cyprinodontidae, Eierlegende Zahnkarpfen.

Verbreitung und Lebensraum: Dieser hübsche Fisch, der aufgrund seiner fehlenden Winterhärte nur während der wärmeren Jahreszeit im Gartenteich gepflegt werden kann, stammt aus dem Flusssystem des Rio Sao Francisco, das sich im brasilianischen Bundesstaat Bahia befindet.

Nahrung: Obwohl Frost-, Kunst- und Trockenfutter akzeptiert werden, bevorzugt Bokermann's Fächerfisch eindeutig kleinere Lebendnahrung, wie Mückenlarven, Wasserflöhe, Hüpferlinge und Tubifex.

Vermehrung: Genauso wie viele andere eierlegende Zahnkarpfen ist auch Bokermann's Fächerfisch ein Dauerlaicher. Die Weibchen legen also täglich einige Eier ab. Zu diesem Zweck tauchen die Paare eng aneinander geschmiegt, mit ihrem gesamten Körper ins Bodensubstrat ein. Dieses sollte im Gartenteich zumindest stellenweise aus einer 5 bis 6 cm hohen Fasertorfschicht bestehen. Nach 14 Tagen kann der Torf gegen neuen ausgetauscht werden. Der alte Torf wird ohne Wasser in eine gut verschließbare Plastikbox gelegt, die bei Zimmertemperatur aufbewahrt wird. Nach drei Monaten wird etwas Wasser in die Box gegossen. Danach dauert es oft nur Minuten, bis die ersten Jungen aus den Eiern schlüpfen.

Lebensweise: Bokermann's Fächerfisch ist ein agiler, aber mit eineinhalb bis zweieinhalb Jahren ein eher kurzlebiger Fisch für Kleinst- und Miniteiche.

Diamantbarsch

Enneacanthus gloriosus

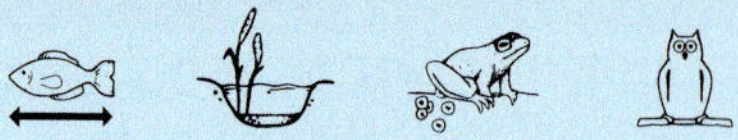

Familie: Centrarchidae, Sonnenbarsche.

Verbreitung und Lebensraum: Das natürliche Verbreitungsgebiet des Diamantbarsches erstreckt sich entlang der Ostküste der USA von New Jersey bis Florida. Dort trifft man ihn vor allem in Fließgewässern an.

Nahrung: Diamantbarsche bevorzugen Lebendfutter, das gelegentlich etwas kräftigere Brocken, wie einen Regenwurm oder eine frisch gehäutete Mehlkäferlarve, enthalten sollte. Häufig verharren Diamantbarsche lange Zeit reglos zwischen Pflanzenbüscheln oder Wurzeln und warten darauf, dass kleine Nährtierchen vorbeischwimmen, die sie blitzschnell erbeuten.

Vermehrung: Zu Beginn der Laichzeit besetzen die Männchen kleine Reviere, die sie gegen Rivalen verteidigen. Im Zentrum des Reviers wühlt das Männchen eine flache Mulde, die zur Aufnahme des Geleges dient. Unmittelbar nach dem Ablaichen wirbelt das Männchen, indem es kräftig mit seinen Flossen wedelt, sämtliche Eier in die umliegenden Wasserpflanzen, wo diese hängen bleiben. Anschließend bewacht das Männchen das Gelege, aus dem nach zwei bis vier Tagen die Jungen schlüpfen.

Lebensweise: Diamantbarsche sind sehr friedliche Fische, die sich gut mit anderen friedlichen, etwa gleichgroßen Arten vergesellschaften lassen. Auf zu umfangreiche Frischwassergaben reagieren sie empfindlich.

Dickkopfkärpfling
Pimephales promelas

7–10 cm | B–M | IV–VI | nein

Fische

Familie: Cyprinidae, Karpfenfische.

Verbreitung und Lebensraum: Dickkopfkärpflinge sind in einem Gebiet zu Hause, das sich von Südkanada über die USA bis nach Nordmexiko erstreck. Hier besiedeln sie sowohl stehende als auch langsam fließende Gewässer. In Mitteleuropa, wo dieser Fisch in den letzten Jahrzehnten in manchen Gegenden ausgesetzt wurde, vermehrte er sich meist sehr gut und baute in einigen Gebieten stabile Populationen auf.

Nahrung: In der Natur ernähren sich Dickkopfkärpflinge, bei denen übrigens nur die Männchen einen stark vergrößerten Kopf besitzen, hauptsächlich von Algen und zarten Wasserpflanzen. Im Gartenteich lassen sie sich aber auch Lebend-, Frost- und Kunstfutter schmecken.

Vermehrung: Zur Laichzeit bilden die Männchen an Kopf und Nacken weißen, grießkornähnlichen Laichausschlag aus. Die Weibchen, bei denen während der Laichzeit die Legeröhren gut erkennbar sind, heften ihre Gelege an die Unterseite von breitblättrigen Wasserpflanzen, Wurzeln oder weit hervorragenden Steinkanten. Die Bewachung des Geleges übernimmt das Männchen.

Lebensweise: Dickkopfkärpflinge sind robuste Fische, die sich gegenüber anderen Arten friedlich verhalten. Sie bevorzugen Gartenteiche, die über eine dichte Unterwasservegetation verfügen und mit zahlreichen Steinen oder Wurzeln ausgestattet sind.
Der Fachhandel bietet Dickkopfbärblinge oft als „Goldelritzen“ an.

Dreistachliger Stichling
Gasterosteus aculeatus

5–8 cm | M–B | III–VI | nein

Familie: Gasterosteidae, Stichlinge.

Verbreitung und Lebensraum: Dreistachlige Stichlinge sind in Europa, den gemäßigten Klimaregionen Asiens sowie in Nordafrika und Nordamerika verbreitet. Hier besiedeln sie neben stehenden und fließenden Gewässern gelegentlich auch das Brackwasser.

Nahrung: Neben fast allen kleineren Lebendfutterkomponenten, wie Mückenlarven, Tubifex und Wasserflöhen, wird auch Frostfutter akzeptiert. Dagegen fressen Dreistachlige Stichlinge Trocken- und Kunstfutter oft nur, wenn sie bereits als Jungfische daran gewöhnt wurden.

Vermehrung: Während der zwischen April und Juni stattfindenden Laichzeit besetzen die Männchen kleine Reviere, in denen sie außer paarungswilligen Weibchen keine anderen Fische dulden. Im Zentrum des Reviers errichtet das Männchen am Boden ein röhrenförmiges Nest aus Pflanzenteilen und Nierensekret, das zur Aufnahme des Geleges dient. Sobald ein Weibchen abgelaicht hat, wird es aus dem Revier vertrieben. Danach hält das Männchen Ausschau nach weiteren Weibchen. Die Bewachung und Verteidigung des Nestes sowie der frisch geschlüpften Jungfische sind ebenfalls Aufgaben des Männchens.

Lebensweise: Außerhalb der Laichzeit vertragen sich die Männchen auch mit anderen Fischarten. Stichlinge mögen sonnendurchflutete Teiche mit einer dichten Unterwasservegetation. Dann bilden sie oft sogar große Schwärme, die sowohl aus männlichen als auch aus weiblichen Tieren bestehen.

Elritze
Phoxinus phoxinus

7–10 cm | O–M | IV–VII | nein

Fische

Familie: Cyprinidae, Karpfenfische.

Verbreitung und Lebensraum: Die Elritze, die bevozugt klare, etwas kühlere Fließgewässer besiedelt, ist in ganz Europa beheimatet. Aufgrund der Umweltverschmutzung weisen ihre Bestände aber seit Jahrzehnten vielerorts eine rückläufige Tendenz auf. Bei den in Fachgeschäften als Goldelritzen angebotenen Fischen, handelt es sich aber fast nie um *Phoxinus phoxinus*, sondern um Farbformen des Dickkopfkärpflings.

Nahrung: Mit Vorliebe wird Lebend- und Frostfutter gefressen, wobei Anflugnahrung, also Insekten, die auf die Wasseroberfläche fallen, besonders hoch im Kurs steht. Falls man die Elritzen vorwiegend mit Kunstfutter ernähren möchte, sollten sie bereits als Jungfische daran gewöhnt werden.

Vermehrung: Zur Laichzeit bildet sich an der Kopf- und Nackenregion der Männchen ein kräftiger, grießkornähnlicher Laichausschlag. Außerdem färbt sich ihre Bauchpartie weinrot. Abgelaicht wird bevorzugt in Flachwasserbereichen mit kiesigem Untergrund und einer leichten Wasserströmung, in denen die Weibchen ihre Eier an zartblättrige Wasserpflanzen heften.

Lebensweise: Elritzen sind friedliche, agile Schwarmfische, die zum Wohlbefinden sehr sauerstoffreiches Wasser benötigen, das möglichst immer ein wenig zirkulieren sollte. Zwischen den Pflanzenbeständen sollte unbedingt viel freier Schwimmraum vorhanden sein.

Europäischer Bitterling

Rhodeus sericeus amarus

6–8 cm | M–B | IV–VI | nein

Familie: Cyprinidae, Karpfenfische.

Verbreitung und Lebensraum: Außer in Skandinavien sowie auf der Pyrenäen- und Apenninenhalbinsel ist der auch als Schuster- oder Bitterkarpfen bezeichnete Europäische Bitterling überall in Europa verbreitet. Dabei ist seine Vorliebe für stehende oder langsam fließende Gewässer unverkennbar, die über eine üppige Unterwasservegetation verfügen.

Nahrung: Die natürliche Nahrung des Europäischen Bitterlings setzt sich zu einem Großteil aus weichen pflanzlichen Komponenten zusammen. Daneben werden gelegentlich kleinere Nährtierchen, wie Mückenlarven und Wasserflöhe, aufgenommen. Im Gartenteich fressen diese Fische auch Frost-, Kunst- und Trockenfutter.

Vermehrung: Wie der Asiatische Bitterling benötigt auch diese Art zum Ablaichen Maler- oder Teichmuscheln, zwischen deren Kiemenblättchen die Weibchen mit ihrer etwa 9 cm langen Legeröhre die Eier deponieren. Im Wesentlichen gleichen das Paarungsritual, zu dem vor allem das Männchen in allen Farben des Regenbogens erstrahlt, sowie die Zeitdauer, die bis zum Schlupf der Jungen vergeht, denen des Asiatischen Bitterlings.

Lebensweise: Außerhalb der Laichzeit, in der die Fische Reviere besetzen, leben die Europäischen Bitterlinge gesellig in kleineren Schwärmen zusammen.

Floridakärpfling
Jordanella floridae

6–7 cm | M | ganzjährig | nein

Familie: Cyprinodontidae, Killifische.

Verbreitung und Lebensraum: Wie es bereits der Populärname dieses Fisches erahnen lässt, ist er im US-Bundesstaat Florida zu Hause, wo er neben stehenden und langsam fließenden Gewässern auch Sümpfe besiedelt. Dagegen sind gelegentliche Angaben, wonach der Floridakärpfling in Mexiko vorkommen soll, schlichtweg falsch. Da Floridakärpflinge nicht winterhart sind, können sie nur in der wärmeren Jahreszeit im Gartenteich gepflegt werden.

Nahrung: Bis zu 25% der Gesamtnahrung des Floridakärpflings besteht aus zarten Pflanzenteilen und Grünalgen. Darüber hinaus fressen sie fast jedes herkömmliche Lebend-, Frost- und Kunstfutter, das durch ihre kleine Maulspalte passt.

Vermehrung: Das Männchen wühlt am Boden eine flache Mulde, die zur Aufnahme des Geleges dient. In den folgenden 24 Stunden hält sich das Männchen in der unmittelbaren Nähe dieser Mulde auf und wedelt mit seinen Flossen ständig Frischwasser darüber. Danach erlischt sein Interesse an den Gelege.

Lebensweise: Floridakärpflinge sind friedliche Fische. Man hält sie am besten in Gruppen, die aus mindestens acht Exemplaren bestehen. Für die Pflege von Floridakärpflingen sollte der Gartenteich stellenweise mit einer dicht stehenden zartblättrigen Unterwasservegetation ausgestattet sein.

Flussbarsch

Perca fluviatilis

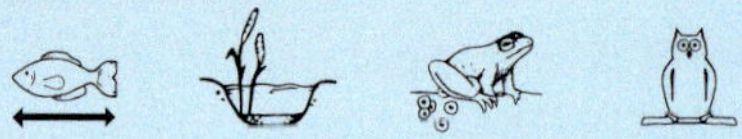

30–35 cm | M | III–V | nein

Familie: Percidae, Echte Barsche.

Verbreitung und Lebensraum: Heute ist der Flussbarsch in nahezu ganz Europa verbreitet. Dagegen kam er früher nicht in den südlicheren Regionen vor. Bevorzugt besiedeln Flussbarsche stehende sowie langsam fließende Gewässer und kommen gelegentlich auch im Brackwasser vor.

Nahrung: Flussbarsche sind Raubfische. Während sich junge Exemplare noch mit kleinen Regenwürmern und Mückenlarven zufrieden geben, fressen ältere Flussbarsche am liebsten lebende Fische.

Im Gartenteich kann man die Flussbarsche aber an Frischfleisch und Rinderherz sowie Gefrierfisch gewöhnen, wobei dieses Futter in kleinen, dünn geschnittenen Streifen angeboten werden sollte.

Vermehrung: Zum Ablaichen suchen die Flussbarsche Wasserpflanzenbüschel, Wurzeln oder Steine auf. Um diese legen sie fast spinnennetzartig ihre Eier, die in gallertigen Schnüren aneinander gereiht sind. Die Jungen schlüpfen nach etwa zwei bis drei Wochen.

Lebensweise: Flussbarsche fühlen sich in krautreichen Teichen besonders wohl. Sie sollten nicht mit sehr kleinen Fischen vergesellschaftet werden, weil die Barsche diesen nachstellen. Dagegen haben sich aber ein oder zwei Flussbarsche oft in Teichen bewährt, die mit Gold- oder Weißfischen besetzt sind, weil sie eine unerwünschte Massenvermehrung dieser Fische verhindern.

Gemeiner Sonnenbarsch
Lepomis gibbosus

15 cm	*M–O*	*V–VII*	*nein*

Familie: Centrarchidae, Sonnenbarsche.

Verbreitung und Lebensraum: Das ursprüngliche Verbreitungsgebiet des Gemeinen Sonnenbarsches erstreckt sich entlang der Grenze zwischen Kanada und den USA. Mittlerweile wurde diese Art auch in zahlreichen anderen Gegenden Nordamerikas sowie in Europa ausgesetzt, wo sie sich vielerorts dauerhaft etablierte.

Nahrung: Gemeine Sonnenbarsche sind keine anspruchsvollen Kostgänger. Sie akzeptieren fast jedes herkömmliche, im Handel erhältliche möglichst etwas größere Lebend-, Frost- und Kunstfutter. Außerdem fressen die Fische Wasserschnecken, deren Gehäusedurchmesser maximal 5 cm beträgt, und sie stellen den Jungfischen anderer Arten nach.

Vermehrung: Zu Beginn der Paarungszeit wühlen die Männchen am Teichgrund eine flache Laichmulde. Nach dem Ablaichen kümmert sich das Männchen meist alleine um das Gelege. Nachdem die Jungen aus den Eiern geschlüpft sind, werden sie auch weiterhin einige Zeit vom Männchen betreut.

Lebensweise: Gemeine Sonnenbarsche sind nicht aggressiv. Daher lassen sie sich problemlos mit etwas größeren Arten vergesellschaften. Sie mögen sonnendurchflutete Teiche mit einer üppigen Unterwasservegetation. Gelegentlich schwimmen die Gemeinen Sonnenbarsche sogar in die Nähe der Wasseroberfläche, um, „auf der Seite liegend“, kurze Sonnenbäder zu nehmen.

Goldfisch und Shubunkin

Carassius auratus auratus

15–20 cm | A | IV–VI | nein

Familie: Cyprinidae, Karpfenfische.

Verbreitung und Lebensraum: In Mitteleuropa ist der Goldfisch zweifelsfrei der beliebteste und am häufigsten gepflegte Gartenteichfisch. Bei ihm handelt es sich nicht um eine in der Natur vorkommende Art, sondern um eine Züchtung. Als Ausgangsform diente der in China weit verbreitete Silbergiebel, die in stehenden und fließenden Gewässern lebt. Die ersten Goldfische wurden bereits vor über 1000 Jahren in China gezüchtet. Sie erinnerten mit ihrer mehr oder weniger spindelförmigen Körperform noch sehr an Silbergiebel. In den letzten 150 Jahren begann der Goldfisch einen regelrechten Siegeszug um die ganze Welt anzutreten. Dies äußerte sich unter anderem darin, dass man sich außer in Asien auch in Europa und Amerika vielerorts intensiv mit seiner Vermehrung und Züchtung beschäftigte. Inzwischen ist die Farb- und Formenfülle des Goldfisches kaum noch überschaubar. Neben einfarbig weißen, gelben, blaugrauen, roten, orangefarbenen, bernsteinfarbenen und schwarzen Exemplaren gibt es auch vielfältige Scheckungen. Noch mannigfaltiger sind die Körperformen des Goldfisches. Diese reichen von Kometenschweifen mit stark verlängerten Schwanzflossen über Rotkappen sowie Löwenköpfe bis hin zu Blasenaugen, deren Augen aufgrund von Wassersäcken extrem vergrößert sind. Auch bei den gerne gepflegten Shubunkin handelt es sich um Goldfischzuchtformen, die vor über 100 Jahren in Japan entstanden. Meist weist der Shubunkin am ganzen Körper ein Fleckenmuster auf, das

Goldfisch und Shubunkin

Fische

sich aus roten, grauen, gelben, blauen und weißen Farbtönen zusammensetzt. Im Gegensatz zum echten Goldfisch besitzt der Shubunkin in seiner Unterhaut kein reflektierendes Gewebe. Dadurch fehlt seinem Körper der Glanz und für Betrachter entsteht oft der Eindruck, dieser Fisch sei schuppenlos, was jedoch nicht der Fall ist.

Nahrung: Goldfische erweisen sich fast immer als dankbare Kostgänger, die fast jedes etwas weichere tierische oder pflanzliche Futter akzeptieren. Ein bei der Goldfischfütterung häufig begangener Fehler besteht darin, dass diesen Tieren im Frühjahr zu zeitig Futter angeboten wird, denn sie beginnen mit der Nahrungsaufnahme erst, wenn die Wassertemperatur mindestens 10 °C beträgt.

Vermehrung: Goldfische leben am liebsten in Schwärmen und laichen auch gemeinsam ab. Nach einer oft stundenlang andauernden Treibjagd legen die Weibchen ihre Eier bevorzugt zwischen feinblättrigen Wasserpflanzen ab.

Lebensweise: Die meisten Goldfischzuchtformen sind sehr bewegungsfreudig, wobei sie immer wieder das Bodensubstrat nach Fressbarem durchwühlen. Der dadurch aufgewühlte Mulm sowie andere kleine Partikel, wie Lehm, können das Wasser stark eintrüben. Daher ist eine kräftige Filterung unbedingt erforderlich.

Graskarpfen

Ctenopharyngodon idella

100 cm | M–B | VI–VIII | nein

Familie: Cyprinidae, Karpfenfische.

Verbreitung und Lebensraum: Das ursprüngliche Verbreitungsgebiet des Graskarpfens ist Ostasien. Hier lebt dieser Fisch vor allem in großen Strömen und Flüssen. Inzwischen wurde der Graskarpfen auch in einigen europäische Ländern eingebürgert, wo er von Binnenfischern betriebene Teiche leerfressen soll, die stark verkrautet oder mit Grünalgen zugewuchert sind.

Nahrung: Wie es der Populärname vermuten lässt, handelt es sich beim erwachsenen Graskarpfen um einen Pflanzenfresser. Er bevorzugt zarte Pflanzenteile, wenn diese aber nicht mehr vorhanden sind, wechselt er ohne längeres Zögern zu derbblättriger Nahrung. An warmen Tagen nimmt er meist etwas mehr als sein eigenes Körpergewicht an Nahrung auf. Auch wenn dieser Fisch oft im Fachhandel angeboten wird, sollte man ihn lieber nicht erwerben, weil die meisten Gartenteiche nicht über einen ausreichend großen Bestand an Wasserpflanzen verfügen, um ihn dauerhaft satt zu bekommen.

Vermehrung: In Mitteleuropa vermehren sich Graskarpfen nur in sehr heißen Sommern. Abgelaicht wird über kieshaltigem Untergrund. Die Jungfische nehmen in ihren ersten Lebenswochen tierische Nahrung auf, wechseln danach aber zu pflanzlichen Komponenten.

Lebensweise: Graskarpfen haben ein ausgesprochen friedliches Temperament.

Gründling
Gobio gobio

8–15 cm | B | V–VI | nein

Fische

Familie: Cyprinidae, Karpfenfische.

Verbreitung und Lebensraum: Gründlinge sind mit Ausnahme einiger Regionen Schottlands, Nordskandinaviens sowie des Mittelmeerraumes in ganz Europa verbreitet, wo sie bevorzugt kühlere Fließgewässer und Seen besiedeln.

Nahrung: Außer Lebend- und Frostfutter fressen Gründlinge auch Kunst- und Trockenfutter. Gelegentlich nehmen sie auch kleinere Mengen an pflanzlicher Nahrung, wie etwa Grünalgen, auf.

Vermehrung: In der Natur führen Gründlinge vor dem Ablaichen kleinere Wanderungen durch. Deshalb ist es nicht verwunderlich, wenn die ohnehin schwimmfreudigen Gründlinge zur Laichzeit im Gartenteich noch agiler werden. Abgelaicht wird bevorzugt in Flachwasserbereichen, in denen eine gute Wasserzirkulation herrscht. Hier heften die Gründlinge ihre Eier an Pflanzen, Steine und Wurzeln.

Lebensweise: Gründlinge, die in kleineren Gruppen gepflegt werden, erweisen sich als friedliche Fische. Dagegen kann ein einzeln gehaltenes Exemplar für viel Unruhe sorgen, weil es häufig die anderen Teichbewohner attackiert. Wer sich für die Pflege dieser Fische entscheidet, sollte möglichst einen gut durchlüfteten Teich mit einer dichten Unterwasservegetation besitzen, in dem ständig eine leichte Strömung vorhanden ist.

Fische

Kap Lopez
Mesoaphyosemion australe

M 6 cm
W 5,5 cm | M–B | ganzjährig | nein

Familie: Cyprinodontidae, Killifische.
Verbreitung und Lebensraum: Der Kap Lopez, der auch als Bunter Prachtkärpfling bezeichnet wird, stammt aus einem Gebiet, das sich von Gabun bis Kongo erstreckt. Hier besiedelt er bevorzugt langsam fließende Gewässer. In den meisten Fällen wird der Kap Lopez, von dem mehrere Farbschläge existieren, nur im Aquarium gehalten. Er eignet sich aber durchaus als Sommerfrischler für den Gartenteich, wo man ihn von Ende Mai bis September pflegen kann.
Nahrung: Besonders gern wird Lebendfutter, wie Mückenlarven und Tubifex, gefressen. Ist solches nicht vorhanden, akzeptieren diese Fische auch Frost- und Kunstfutter.
Vermehrung: Kap Lopez sind Dauerlaicher, bei denen die Weibchen täglich eine geringe Anzahl von Eiern an feinblättrigen Unterwasserpflanzen oder den Wurzeln von Schwimmpflanzen ablegen. Daraus schlüpfen nach rund zwei Wochen die voll entwickelten Jungen. Diese benötigen sofort kleinstes Futter, das in der Regel in ausreichender Menge im Teich vorhanden ist.
Lebensweise: Untereinander sind die äußerst farbenprächtigen Männchen rauflustig. Allerdings kommt es kaum zu ernsthaften Verletzungen. Die bei diesen Rivalenkämpfen auftretenden Einrisse in den Flossen verheilen sehr schnell. Gegenüber anderen Fischen verhalten sich die Kap Lopez fast immer sehr friedlich.

Karausche
Carassius carassius

15–25 cm | M–B | V–VI | nein

Familie: Cyprinidae, Karpfenfische.
Verbreitung und Lebensraum: Bei der Karausche handelt es sich um einen robusten, anpassungsfähigen Fisch, der sowohl in fast ganz Europa als auch in den gemäßigten Klimaten Asiens vorkommt. Besonders mag er etwas wärmere Gewässer mit reichlicher Unterwasservegetation. Bei vielen Gartenteichbesitzern stehen die sogenannten Goldkarauschen hoch im Kurs. Ihre Körper sind entweder zu einem großen Teil oder vollständig goldgelb gefärbt. Gelegentlich kommen sie auch in freier Natur vor.
Nahrung: Am liebsten nehmen Karauschen kleines tierisches Futter auf. Steht solches nicht in ausreichendem Maße zur Verfügung, machen sie sich über die Wasserpflanzen her. Im Gartenteich lassen sich Karauschen auch an herkömmliche Teichfuttermischungen gewöhnen.
Vermehrung: Abgelaicht wird zumeist an feinblättrigen Pflanzen, wobei jedes Weibchen in der Lage ist, jährlich bis zu 300 000 Eier zu legen. Aus diesen schlüpfen nach zwei bis vier Tagen die Larven. Um unerwünschte Bastardierungen zu vermeinden, sollten Karauschen keinesfalls gemeinsam mit Giebeln oder Goldfischen gepflegt werden.
Lebensweise: Die Karausche ist ein friedlicher Fisch, den man in kleinen, mindestens sechs Exemplare umfassenden Gruppen pflegen sollte. Im Winter sowie bei Austrocknung des Gewässers graben sich die Karauschen ins Bodensubstrat ein und verfallen in eine Art Dauerschlaf.

Kardinalfisch

Tanichthys albonubes

4,5 cm | M–O | ganzjährig | nein

Familie: Cyprinidae, Karpfenfische.

Verbreitung und Lebensraum: Dieser äußerst farbenprächtige Fisch stammt aus den Weißen-Wolken-Bergen, die sich in der Nähe von Hongkong befinden. Da er in seiner Färbung dem Neonsalmer ähnelt und ein sehr anspruchsloser Fisch ist, wird er gelegentlich auch als Arbeiterneon bezeichnet. Die Weibchen sind weniger intensiv gefärbt und besitzen eine deutlich fülligere Bauchpartie als die Männchen. Inzwischen existieren vom Kardinalfisch auch mehrere Zuchtformen, darunter eine mit Schleierflossen sowie eine goldrückige Variante.

Nahrung: Der Kardinalfisch ist ein problemloser Kostgänger, der jedes Futter frisst, das durch seine relativ kleine Maulspalte passt. Neben tierischen Nahrungskomponenten nehmen Kardinalfische auch zarte Pflanzenteile auf.

Vermehrung: Bei einer Wassertemperatur von 21 bis 24 °C vermehren sich Kardinalfische sehr bereitwillig. Nach einem schwimmintensiven Balzspiel wird bevorzugt in dichten Beständen zartblättriger Wasserpflanzen abgelaicht. Aus dem Laich schlüpfen nach 35 bis 40 Stunden die Larven, die sich nach weiteren zwei bis vier Tagen freischwimmen. Im Unterschied zu zahlreichen anderen Karpfenfischen stellen gut genährte Kardinäle nur selten ihrem Laich nach.

Lebensweise: Sehr agiler Fisch, der sich nur in Schwärmen wohlfühlt, die aus mindestens zehn Artgenossen bestehen. Er kann nur während der Sommermonate im Gartenteich gepflegt werden.

Katzenwels
Ameiurus nebulosus

20–30 cm | B | III–V | nein

Fische

Familie: Ictaluridae, Katzenwelse.

Verbreitung und Lebensraum: Der auch als Zwergwels bezeichnete Katzenwels war ursprünglich nur im östlichen und südlichen Nordamerika verbreitet, wo er vor allem in langsam fließenden und stehenden Gewässern vorkommt. Seit Anfang des 20. Jahrhunderts wurde er auch in mehreren Gewässern Europas ausgesetzt und konnte sich fast überall dauerhaft behaupten.

Nahrung: Katzenwelse haben in den meisten Fällen einen sehr beachtlichen Appetit. Befinden sich im Teich kleine, schlanke Fische, wird diesen ausdauernd nachgestellt. Außerdem wird auch andere, nicht zu kleine, tierische und gelegentlich sogar pflanzliche Nahrung aufgenommen. Im Gartenteich lässt sich dieser Wels gut an Gefrierfisch sowie an rohes Rindfleisch und Rinderherz gewöhnen. Diese Nahrungskomponenten sollten vor dem Verfüttern in dünne Streifen geschnitten werden.

Vermehrung: Das Ablaichen erfolgt in einer Mulde, die zuvor im Bodensubstrat ausgehoben wurde. Danach übernimmt das Männchen die Bewachung des Geleges.

Lebensweise: Katzenwelse sind vorwiegend dämmerungs- und nachtaktiv. Während der hellen Tagstunden ziehen sie sich oft unter Wurzeln oder Steine zurück. Katzenwelse können auch einige Zeit in sauerstoffärmerem Wasser überleben, weil sie in der Lage sind, zusätzlich atmosphärische Luft zu atmen.

Kaulbarsch
Gymnocephalus cernua

12–25 cm | B | III–IV | nein

Familie: Percidae, Echte Barsche.

Verbreitung und Lebensraum: Kaulbarsche sind in weiten Teilen des gemäßigten Europa und Asien zu Hause, wo sie bevorzugt in Fließgewässern und großen Seen leben. Außerdem trifft man sie oft im Brackwasser an.

Nahrung: Mit besonderer Vorliebe wird kräftiges Lebendfutter, wie Regenwürmer und Insektenlarven, gefressen. Erwachsene Kaulbarsche stellen auch kleineren Fischen, die einen spindelförmigen Körperbau aufweisen, sehr intensiv nach. Junge Kaulbarsche lassen sich gut an Fertig- und Frostfutter gewöhnen.

Vermehrung: Kaulbarsche leben in Schwärmen, die sie auch zur Laichzeit nicht auflösen. Als Laichplätze werden möglichst sandige oder kiesreiche Flachwasserbereiche aufgesucht. Hier heften sie ihre Eier in Form von großen gallertartigen Klumpen und Schnüren an Pflanzen und Steine. Bis zum Schlupf der Larven vergehen 12 bis 14 Tage.

Lebensweise: Kaulbarsche haben einen sehr hohen Sauerstoffbedarf. Daher sollte der Gartenteich kräftig durchlüftet werden und die Wassertemperatur auch an heißen Sommertagen 25 bis 26 °C nicht übersteigen. Außerdem mögen sie es, wenn stellenweise dichte Wasserpflanzenbestände vorhanden sind, um sich zeitweilig darin zurückzuziehen. Dieses Ausruhen in Pflanzen bedeutet aber nicht, dass Kaulbarsche scheu sind.

Koi, Farbkarpfen
Cyprinus carpio

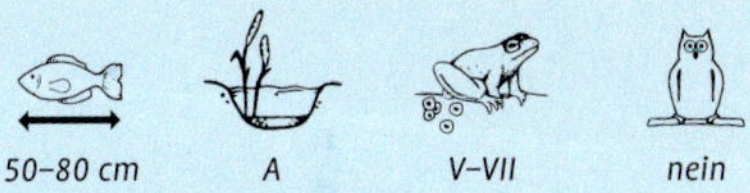

Familie: Cyprinidae, Karpfenfische.
Verbreitung und Lebensraum: Beim Koi handelt es sich um eine Zuchtform, deren Stammvater der Wildkarpfen ist. Die Koi-Zucht begann bereits vor mehr als 2000 Jahren im alten China und wurde später durch die Japaner entscheidend vorangetrieben. Die Popularität von Koi oder Farbkarpfen, wie sie auch genannt werden, gleicht fast der des Goldfisches. Außer in Japan, das man immer noch als das Koi-Zentrum auf der Welt ansehen kann, wird dieser Fisch auch in Deutschland, Israel, Südafrika und den USA sehr intensiv vermehrt und züchterisch bearbeitet. So verwundert auch die Rassenvielfalt nicht, die sich von Exemplaren mit weißer, gelber, oranger, roter und blaugrauer bis hin zu schwarzer Grundfärbung erstreckt. Auf dieser Grundfärbung befinden sich die unterschiedlichsten Flecken- und Zeichnungsmuster, die rassetypisch sind. Spitzenexemplare der weiß gefärbten Rasse Tancho-Kohaku zeigen einen großen kreisrunden, leuchtend roten Fleck auf ihrem Hinterkopf.
Nahrung: Am liebsten fressen Koi kleines Lebendfutter, das sich aus Regenwürmern, Insektenlarven und Wasserschnecken zusammensetzen kann. Die Gehäuseschalen von Schnecken knacken sie mit einer im Schlund befindlichen Kauplatte auf, die als Karpfenstein bezeichnet wird. Anschließend spucken sie die Gehäusereste aus und verschlucken die Weichteile der Schnecken. Koi lassen sich aber auch ohne Schwierigkeiten an handelsübliches Fertigfutter gewöhnen, welches oft in Pelletform angeboten wird. Außerdem

Koi, Farbkarpfen

haben sie eine Vorliebe für zartblättrige Wasserpflanzen, die sie manchmal bis zur Unkenntlichkeit abfressen. Um dies zu verhindern, kann man an seinen Koi gelegentlich klein geschnittene grüne Gurke sowie Kopfsalat verfüttern. Des Weiteren hat es sich als sinnvoll erwiesen, im Teich nur hartblättrige Wasserpflanzen, wie etwa Kalmus, Seerosen und Rohrkolben zu kultivieren, weil diese von den Koi nicht gefressen werden.

Vermehrung: Eine natürliche Vermehrung erfolgt nur in sehr heißen Sommern. Koi laichen an Pflanzen ab, die sich im sonnendurchfluteten Flachwasserbereich befinden. Für die Entwicklung der Eier, die einen Durchmesser von etwa 1,5 mm aufweisen, ist neben ausreichender Wärme auch ein hoher Sauerstoffgehalt des Wassers eine Grundvoraussetzung. Unter solchen Bedingungen schlüpfen die Larven nach drei bis acht Tagen.

Lebensweise: Koi verbringen sehr viel Zeit damit, das Bodensubstrat nach Fressbarem zu durchwühlen. Dabei wirbeln sie viele Partikel auf, die das Wasser trüben und sich nur mit einer sehr leistungsstarken Filteranlage entfernen lassen. Außerdem ist es von Vorteil, wenn der Teich im Winter geheizt werden kann.

Makropode
Macropodus opercularis

M bis 11 cm
W bis 8 cm

M–O

ganzjährig

nein

Fische

Familie: Belontiidae, Belontiaverwandte.

Verbreitung und Lebensraum: Der Makropoden, der auch als Paradiesfisch bezeichnet wird, ist der am längsten im Aquarium gehaltene Warmwasserfisch. Er lässt sich während der warmen Jahreszeit aber auch im Gartenteich pflegen. Das natürliche Verbreitungsgebiet des Makropoden erstreckt sich von Korea über große Teile Chinas bis nach Vietnam, wo er vor allem Reisfelder, Gräben, langsam fließende Bäche und Tümpel besiedelt.

Nahrung: Makropoden fessen fast jedes herkömmliche Lebend-, Frost-, Kunst- und Trockenfutter, das nur irgendwie durch ihre kleine Maulspalte passt.

Vermehrung: Vor dem Ablaichen errichtet das Männchen an einer ruhige Stelle der Wasseroberfläche aus Luftblasen und Speichelsekret ein Schaumnest, das zur späteren Aufnahme des Geleges dient. Kurze Zeit nach dem Ablaichen werden die Eier zum Nest getragen, welches fortan vom Männchen bewacht und verteidigt wird. Nachdem die Makropodenlarven sich zu Jungfischen entwickelt haben, versucht das Männchen zwar sie im Nest zusammen zu halten, aber das gelingt ihm kaum.

Lebensweise: Makropoden zeichnen sich durch eine anatomische Besonderheit aus, das sogenannte Labyrinth. Dabei handelt es sich um ein zusätzliches Atmungsorgan hinter den Augen, mit dem sie an der Wasseroberfläche einen Teil ihres Sauerstoffbedarfs aufnehmen.

Moderlieschen
Leucaspius delineatus

M 6–12 cm W meist größer | O–M | IV–V | nein

Familie: Cyprinidae, Karpfenfische.

Verbreitung und Lebensraum: Moderlieschen sind in Mitteleuropa verbreitet und besiedeln bevorzugt stehende Gewässer. Der Name dieser Art leitet sich nicht etwa von Moder (Schlamm) ab, sondern von dem altdeutschen Wort für Mutterlose: Man glaubte damals, ein gelegentliches Massenauftreten dieser Art in bis dahin fischfreien Gewässern sei auf eine Urzeugung zurückzuführen.

Nahrung: Außer Lebend- und Frostfutter fressen Moderlieschen auch Kunst- und Trockenfutter. Gelegentlich werden kleinere Mengen an pflanzlicher Nahrung, wie Grünalgen, aufgenommen.

Vermehrung: Der Laich wird ähnlich wie bei Flussbarschen in Form von ring- oder spiralförmigen Bändern abgegeben und an die Stängel feinfiedriger Wasserpflanzen geheftet. Anschließend bewacht das Männchen dieses Gelege und sorgt durch häufiges Wedeln mit den Flossen sowie Antippen der Pflanzenstängel dafür, dass dem Laich Frischwasser zugeführt wird.

Lebensweise: Das Moderlieschen, das man stets in Schwärmen von sechs Exemplaren pflegen sollte, ist ein sehr friedlicher schwimmfreudiger Fisch, der gerne zappelnde Anflugnahrung jagt. Im Unterschied zu vielen anderen Fischen fressen Moderlieschen keinen Molchlaich, so dass einer Vergesellschaftung mit diesen Amphibien nichts im Wege steht.

Neunstachliger Stichling
Pungitius pungitius

4–7 cm | M–B | III–IX | nein

Fische

Familie: Gasterosteidae, Stichlinge.

Verbreitung und Lebensraum: Das natürliche Verbreitungsgebiet des Neunstachlingen Stichlings, der auch als Zwergstichling bezeichnet wird, erstreckt sich von Europa über Nordasien bis Nordamerika. Er besiedelt mit Vorliebe stark verkrautete stehende und langsam fließende Gewässer, kommt aber manchmal auch im Brackwasser vor. Die Anzahl der auf dem Rücken befindlichen Stacheln schwankt zwischen acht und elf, wobei Exemplare, die neun Stacheln aufweisen, am häufigsten vorkommen.

Nahrung: Im Unterschied zu kleinem Lebend- und Frostfutter, das gut angenommen wird, akzeptieren vor allen ältere Stichlinge fast nie Kunstfutter. Am liebsten werden Mückenlarven gefressen.

Vermehrung: Zu Beginn der Laichzeit bauen die Männchen zwischen Wasserpflanzen hängende, annähernd kugelförmige Nester, die aus Pflanzenteilen und Nierensekret bestehen. Nach dem Ablaichen übernimmt das Männchen die Bewachung und Verteidigung des Nestes.

Lebensweise: Außer zur Laichzeit verhalten sich Neunstachlige Stichlinge äußerst friedlich. Im Unterschied zu ihrem nahen Verwandten, dem Dreistachligen Stichling, verstecken sie sich wesentlich häufiger und oft auch länger zwischen dichten Wasserpflanzenbeständen oder unter Moorkienwurzeln. Weil diese Stichlingsart aber nicht so sonnenhungrig ist, wie viele andere Fischarten, kann sich ihr Teich sogar im Vollschatten befinden.

(Farb)Orfe
Leuciscus idus

Familie: Cyprinidae, Karpfenfische.

Verbreitung und Lebensraum: Das natürliche Verbreitungsgebiet der Orfe, die auch als Aland und Nerfling bezeichnet wird, erstreckt sich von Nordeuropa bis in die gemäßigten Klimazonen Westasiens. Dort besiedelt sie vor allem Fließgewässer und größere Seen. Gelegentlich trifft man sie auch im Brackwasser an. Im Gartenteich werden meist Farborfen gepflegt, bei denen es sich um attraktive Zuchtformen handelt, deren Körper mehr oder weniger silbrig, gelblich, rötlich orange oder stahlblau gefärbt sind. Der Fachhandel bietet solche Exemplare oft unter den Bezeichnungen Silber-, Gold- oder Blauorfe an.

Nahrung: Es wird fast jede herkömmliche Futterkomponente akzeptiert. Außerdem nehmen Orfen pflanzliche Nahrung auf, wobei sie sich häufig als sehr gute Wasserlinsenvertilger erwiesen haben.

Vermehrung: Zur Laichzeit bekommen die Männchen am Kopf grießkornartigen Laichausschlag. Abgelaicht wird meist in Flachwasserbereichen, wo die Orfen ihre Eier an Steine und Pflanzen heften.

Lebensweise: Im Unterschied zum Goldfisch wühlt die Orfe kaum im Bodensubstrat, außerdem benötigt sie wesentlich sauerstoffreicheres Wasser, um sich wohlzufühlen. Auch hat es sich als vorteilhaft erwiesen, wenn ständig eine leichte Strömung im Gartenteich vorherrscht.

Pfauenaugenbarsch

Centrarchus macropterus

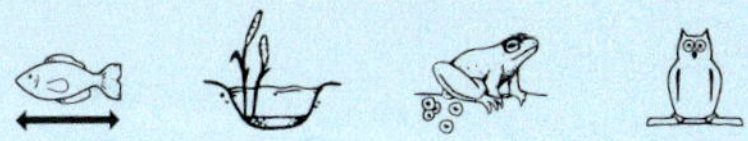

Fische

Familie: Centrarchidae, Sonnenbarsche.

Verbreitung und Lebensraum: Die natürliche Heimat des Pfauenaugenbarsches erstreckt sich vom US-Bundesstaat Virginia bis nach Florida. Hier besiedelt er vor allem langsam fließende Gewässer, die eine üppige Unterwasservegetation aufweisen. Beim Kauf von Pfauenaugenbarschen sollte darauf geachtet werden, dass nicht versehentlich die in der Aquaristik beliebten Pfauenaugenbuntbarsche, *Astronotus ocellatus*, erworben werden, die sich maximal für einen kurzen Sommerurlaub im Gartenteich eignen.

Nahrung: Neben Lebendfutter fressen Pfauenaugenbarsche auch Frost-, Kunst- und Trockenfutter.

Vermehrung: Vor dem Ablaichen gräbt das Männchen im Flachwasserbereich eine Bodenmulde, die zur späteren Aufnahme des Geleges dient. Das Gelege wird vom Männchen bewacht und verteidigt. Je nach Wassertemperatur vergehen bis zum Schlupf der Larven 24 bis 36 Stunden. Nach weiteren drei bis vier Tagen haben sie ihren Dottersack aufgezehrt, die Entwicklung zum Jungfisch abgeschlossen und begeben sich erstmals auf Futtersuche.

Lebensweise: Pfauenaugenbarsche sind nicht nur friedlich, sondern auch sehr verspielt. Selbst erwachsene Exemplare spielen oft stundenlang miteinander. Interessanterweise beziehen sie niemals artfremde Fische in ihre Spiele ein.

(Farb)Plötze
Rutilus rutilus

20–35 cm	*M*	*V–VI*	*nein*

Familie: Cyprinidae, Karpfenfische.

Verbreitung und Lebensraum: Die auch als Rotauge bezeichneten Plötze besiedeln ein Gebiet, das große Teile Europas und Sibiriens umfasst. Außer in stehenden und langsam fließenden Gewässern, die eine reichhaltige Unterwasserflora aufweisen, ist dieser Fisch gelegentlich im Brackwasser anzutreffen. Für den Gartenteich bietet der Fachhandel seit einiger Zeit eine attraktive Zuchtform an, deren Körper leuchtend rot gefärbt ist und die als Goldplötze bezeichnet wird.

Nahrung: Neben kleinem Lebendfutter fressen Plötzen gerne Grünlagen und zarte Triebe von Unterwasserpflanzen. Im Gartenteich lassen sie sich auch an industriell hergestelltes Kunst- und Trockenfutter gewöhnen.

Vermehrung: Abgelaicht wird im Schwarm. Zu diesem Zweck schwimmen die Plötzen in Flachwasserbereiche, wo sie ihren Laich unter lautem Geplätscher an Pflanzen oder Steine heften.

Lebensweise: Plötzen haben sich als anspruchslose Fische erwiesen, die sogar in sauerstoffarmem Wasser gut zurechtkommen. Dabei verkraften sie Temperaturen bis zu 28 °C. Unkundige verwechseln die Plötze oft mit der Rotfeder. Bei dieser befindet sich aber der Ansatz der Rückenflosse hinter dem der Bauchflosse. Im Unterschied dazu liegen die Ansätze dieser Flossen bei der Plötze annähernd übereinander.

Prachtbarbe
Puntius conchonius

8–10 cm | M–O | ganzjährig | nein

Fische

Familie: Cyprinidae, Karpfenfische.

Verbreitung und Lebensraum: Die Prachtbarbe, bei der die erwachsenen Männchen wesentlich kräftiger als die Weibchen gefärbt sind, stammt aus Vorderindien, wo sie in stehenden und langsam fließenden Gewässern lebt. Wie der Makropode und der Zebrabärbling ist die Prachtbarbe nicht winterhart, so dass sie nur zwischen Mai und September als Sommerfrischler im Gartenteich gehalten werden kann.

Nahrung: Bei der Prachtbarbe handelt es sich um einen Allesfresser. Neben Lebend-, Frost-, Kunst- und Trockenfutter wird auch pflanzliche Nahrung aufgenommen.

Vermehrung: Prachtbarben sollten immer in Gruppen gepflegt werden, zu denen auch ein paar Männchen gehören. Ohne diese sind die Weibchen nicht in der Lage ihre Eier auszustoßen, wodurch sie eine Laichverhärtung bekommen, die oft tödlich endet. Nach einem heftigen Balzspiel, das mit intensivem Herumjagen einhergeht, laichen die Prachtbarben bevorzugt über dichtblättrigen Pflanzenbüscheln ab. Anschließend betätigen sich die Altfische als Laichräuber und fressen einen Großteil der Eier auf.

Lebensweise: Agiler, sehr robuster und weitgehend friedlicher Fisch, dessen Vergesellschaftung mit etwa gleich großen Arten fast nie Schwierigkeiten bereitet. Am wohlsten fühlen sich Prachtbarben über feinsandigem Untergrund, in dem sie hin und wieder wühlen können.

Rotfeder
Scardinius erythrophthalmus

15–35 cm | M–O | IV–VI | nein

Familie: Cyprinidae, Karpfenfische.

Verbreitung und Lebensraum: Rotfedern, deren Name sich von den leuchtend roten Flossen ableitet, sind in einem Gebiet zu Hause, das sich über fast ganz Europa bis Sibirien erstreckt. Sie bewohnen flache, stehende oder sehr langsam fließende Gewässer, die eine reichhaltige Unterwasservegetation aufweisen.

Nahrung: Neben kleinem Lebendfutter setzt sich die natürliche Nahrung der Rotfedern zu einem Großteil aus weichen Pflanzenteilen zusammen. Deshalb besteht in kleinen Gartenteichen immer die Gefahr, dass zarte Unterwasserpflanzen binnen kürzester Zeit in den Mäulern der Rotfedern verschwinden. Wer seinen Teich mit sehr harten Pflanzen, wie etwa Rohrkolben bestückt hat, und gerne Rotfedern pflegen möchte, kann ihnen weiches Fertigfutter anbieten, das gut akzeptiert wird.

Vermehrung: Rotfedern laichen im Schwarm ab. Als Laichstellen bevorzugen sie Flachwasserbereiche, in denen sie ihre Eier an Pflanzen festkleben. Werden Rotfedern zusammen mit Güstern, Plötzen oder Ukeleien gehalten, kommt es oft zu unerwünschten Verpaarungen zwischen diesen Arten.

Lebensweise: Rotfedern haben sich als friedliche, sehr agile Fische erwiesen. Am wohlsten fühlen sie sich in sonnendurchfluteten Teichen, in denen zwischen den Pflanzen reichlich freier Schwimmraum vorhanden ist.

Scheibenbarsch

Enneacanthus chaetodon

10 cm | M–B | IV–V | nein

Fische

Familie: Centrarchidae, Sonnenbarsche.

Verbreitung und Lebensraum: Das natürliche Verbreitungsgebiet der Scheibenbarsche konzentriert sich auf die an der Ostküste gelegenen Staaten der USA, wo diese Fische vor allem in den unterschiedlichsten Fließgewässern leben.

Nahrung: Lebendfutter hat Vorrang, wobei die Sonnenbarsche besonders gerne Anflugnahrung fressen. Manche Exemplare akzeptieren auch Frostfutter, während Kunstfutter fast immer abgelehnt wird.

Vermehrung: Im Unterschied zur restlichen Zeit des Jahres, in der die Sonnenbarsche in geselligen kleinen Trupps das Gewässer durchstreifen, besetzen die Männchen zu Beginn der Laichzeit kleine Reviere, die sie gegen Rivalen energisch verteidigen. Im Zentrum des Reviers wühlt das Männchen eine flache Mulde, die zur Aufnahme des klumpenartigen Geleges dient. Dieses wird vom Männchen bewacht, das mit seinen Brustflossen ständig Frischwasser darüber wedelt. Bis die Jungen schlüpfen dauert es nur zwei bis vier Tage. Diese sind wie bei den meisten Fischen noch nicht voll entwickelt und werden deshalb als Larven bezeichnet.

Lebensweise: Gegenüber anderen Fischen verhalten sich Scheibenbarsche friedlich. Man sollte sie nicht mit hektischen oder aggressiven Arten vergesellschaften, weil sie sonst oft scheu werden. Klares, sauerstoffreiches Wasser fördert ihr Wohlbefinden.

Schlammpeitzger
Misgurnus fossilis

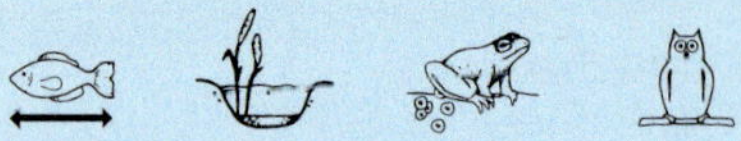

20–30 cm | B | IV–VI | nein

Familie: Cobitidae, Schmerlen.

Verbreitung und Lebensraum: Das Verbreitungsgebiet des Schlammpeitzgers, der auch als Schlammbeißer bezeichnet wird, erstreckt sich über große Teile Mittel- und Osteuropas. Hier hält sich dieser Fisch in flachen, stehenden Gewässern unter Steinen oder Wurzeln auf. Er führt also ein verborgenes Leben. Falls das Gewässer austrocknet, graben sich die Schlammpeitzger bis zu 50 cm tief in den Schlamm ein und verfallen in eine Art Dauerschlaf. In ähnlicher Weise verbringen sie auch die Wintermonate.

Nahrung: Wenngleich lebende Nahrung bevorzugt gefressen wird, akzeptieren diese Fische auch jedes andere Futter.

Vermehrung: Nach einem ausgiebigen Balzspiel legen die Schlammpeitzger ihren klebrigen Laich an Wasserpflanzen ab. Die daraus schlüpfenden Larven besitzen zunächst äußere Kiemen, die sich jedoch bald zurückbilden.

Lebensweise: Schlammpeitzger sind friedliche, standorttreue Fische, die erst in den Dämmerungs- und Nachtstunden aktiv werden. In sauerstoffärmerem Wasser schwimmen sie oft zur Oberfläche, um zusätzlich atmosphärische Luft aufzunehmen, die sie anschließend über ihren Darm resorbieren. Sehr interessant ist die Wetterfühligkeit dieser Fische. Bereits Stunden vor dem Aufziehen eines Gewitters sind die Schlammpeitzger auch tagsüber deutlich aktiver.

(Farb)Schleie

Tinca tinca

20–40 cm | B | V–VIII | nein

Familie: Cyprinidae, Karpfenfische.

Verbreitung und Lebensraum: Die bodenorientierte Schleie ist in einem Gebiet zu Hause, das sich über fast ganz Europa bis nach Kleinasien und Westsibirien erstreckt. In Gartenteichen werden oft nicht die naturfarbenen oliv-grün-goldenen Exemplare, sondern Farbschleien gepflegt. Bei ihnen handelt es sich um Zuchtformen, deren Körper mehr oder weniger einheitlich gelb, rot oder orange gefärbt ist.

Nahrung: Schleien sind anspruchslose Kostgänger, die so ziemlich jedes Lebend-, Frost-, Kunst- und Trockenfutter akzeptieren. Schnecken und kleinere Muscheln werden jedoch mit besonderer Vorliebe gefressen. Darüber hinaus nehmen sie gelegentlich pflanzliche Nahrung auf. Diese sollte den Fischen immer in Form von Algen zur freien Verfügung stehen.

Vermehrung: Während der Laichzeit setzen die Schleien ihre Eier in mehreren Etappen bevorzugt an Pflanzen im Flachwasserbereich ab. Ist das Wasser ausreichend warm, schlüpfen die Jungen bereits drei bis vier Tage später.

Lebensweise: Schleien verstecken sich gerne zwischen dichten Pflanzenbeständen. Außerdem durchwühlen sie das Bodensubstrat häufig nach Fressbarem, wobei in der Regel viel Mulm aufgewirbelt wird, der eine Wassertrübung hervorruft. Um dem entgegen zu wirken, sollten Schleienteiche mit leistungsstarken Filtern ausgestattet sein.

Fische

Schneider

Alburnoides bipunctatus

bis 14 cm | M–O | V–VII | nein

Familie: Cyprinidae, Karpfenfische.

Verbreitung und Lebensraum: Die natürlichen Vorkommen des Schneiders konzentrieren sich auf Mitteleuropa, wo dieser Fisch vor allem in sauberen Fließgewässern und größeren Seen lebt. Seinen Populärnamen erhielt der Schneider aufgrund der gut sichtbaren Seitenlinie, die ober- und unterseitig jeweils von einer Reihe kleiner schwarzer Pünktchen gesäumt wird. Während der Laichzeit erkennt man die Seitenlinie noch besser, weil die Fische dann ihre Körperfärbung deutlich intensivieren.

Nahrung: Besonders gerne jagen Schneider Anflugnahrung, die heftig an der Wasseroberfläche zappelt. Unabhängig davon gewöhnen sie sich im Teich auch an fast jede andere herkömmliche Futterkomponente.

Vermehrung: Schneider sind Schwarmfische, die auch zur Paarungszeit ihren Verband nicht auflösen, sondern gemeinsam ablaichen. Als Ablaichplätze bevorzugen sie kiesigen Untergrund, auf den der klebrige Laich meist in einem Bereich abgesetzt wird, an dem permanent eine leichte Wasserströmung vorherrscht.

Lebensweise: Schneider sind friedliche, schwimmfreudige Fische. Sie mögen Teiche, die mit genügend freiem Schwimmraum und einigen dichten Wasserpflanzenbüscheln ausgestattet sind. In Schneiderteichen sollte eine Umwälzpumpe dafür sorgen, dass das Wasser immer leicht in Bewegung ist und damit ständig mit Sauerstoff angereichert wird.

Silberkarpfen

Hypophthalmichthys molitrix

bis 100 cm | *M–B* | *siehe Text* | *nein*

Fische

Familie: Cyprinidae, Karpfenfische.

Verbreitung und Lebensraum: Das Verbreitungsgebiet des Silberkarpfens, der auch als Tolstolob bezeichnet wird, war ursprünglich nur auf Ostasien begrenzt. Hier bevölkerte er vor allem eutrophierte (nährstoffreiche) Flachseen und Fließgewässer. Später wurde der Silberkarpfen in einigen mitteleuropäischen Ländern ausgesetzt, in denen er die Algenblüten eindämmen sollte.

Nahrung: Unter natürlichen Bedingungen ernähren sich Silberkarpfen fast ausschließlich von mikroskopisch kleinen Algen, die sie mit ihren Kiemenreusen aus dem Wasser filtern. Wie alle reinen Pflanzenfresser benötigen sie täglich eine große Nahrungsmenge, die ein Gartenteich auf Dauer nicht bieten kann. Sind alle Algen aufgefressen, beginnen die Silberkarpfen damit, zarte Wasserpflanzen bis zur Unkenntlichkeit abzuweiden. Wer trotzdem Silberkarpfen pflegen möchte, sollte seinen Teich mit hartblättrigen Wasserpflanzen ausstatten und täglich weiches Kunstfutter anbieten.

Vermehrung: Unter den klimatischen Bedingungen Mitteleuropas pflanzen sich Silberkarpfen auf natürliche Weise nicht fort.

Lebensweise: Beim Silberkarpfen handelt es sich um einen Fisch, der gesellig mit Artgenossen zusammenlebt. Wie viele andere Karpfenfische neigt er dazu, häufig im Bodensubstrat zu wühlen.

Sterlet
Acipenser ruthenus

60–70 cm | B–M | siehe Text | ja

Familie: Acipenseridae, Echte Störe.

Verbreitung und Lebensraum: Im Gegensatz zu seinem nahen Verwandten, dem Stör, *Acipenser sturio*, der nur seine Jugend im Süßwasser verbringt und zum Ablaichen dorthin zurückkehrt, halten sich Sterlets während ihres ganzen Lebens darin auf. Sterlets bewohnen große Flüsse sowie Ströme und sind sehr schwimmfreudig. Für die artgerechte Pflege von Stelets muss ein Gartenteich mit einem Wasservolumen von mindestens 70 000 l und einer Seitenlänge von 8 bis 10 m vorhanden sein.

Nahrung: Neben Lebendfutter, das aus Regen- und Mehlwürmern sowie kleinen Futterfischen bestehen kann, lassen sich Sterlets auch mit fein zerschnittenen Rinderherzen und rohem Fisch füttern. Es ist ratsam, bereits die jungen Sterlets an die beiden zuletzt genannten Ersatzfutterkomponenten zu gewöhnen, weil es bei erwachsenen Exemplaren oft viel länger dauert, bevor sie diese akzeptieren.

Vermehrung: Im Gartenteich ist die Vermehrung des Sterlets so gut wie ausgeschlossen. In der Natur laicht dieser Fisch an kiesigen Stellen ab, die von einer kräftigen Strömung überspült werden.

Lebensweise: Sterlets haben eine Vorliebe für glasklares, möglichst kühles und vor allem sehr sauerstoffreiches Wasser. Gegenüber anderen Fischen, die aufgrund ihrer Körpergröße nicht als Nahrung in Frage kommen, verhalten sich Sterlets ausgesprochen friedlich.

Streber

Zingel streber

12–15 cm | B | siehe Text | nein

Fische

Familie: Percidae, Echte Barsche

Verbreitung und Lebensraum: In der Natur besiedeln Streber ein sehr eng begrenztes Gebiet, das sich auf die Donau sowie ihre Nebenflüsse konzentriert. Diese Fische halten sich gerne in Bereichen auf, in denen kiesiger Untergrund und eine starke Wasserströmung vorhanden sind. Dabei formen die Streber ihre Brustflossen zu einer Art Saugnapf, mit dem sie sich an flachen Steinen festheften, um auf diese Weise viel Energie zu sparen.

Nahrung: Bevorzugt wird Lebendfutter gefressen, das sich in Bodennähe aufhält. Dabei stellen die Streber auch kleinen Fischen nach. Mit etwas Geduld lassen sich junge Streber an Frostfutter und in dünne Streifen geschnittenes rohes Fleisch oder Fisch gewöhnen.

Vermehrung: Im Gartenteich ist die Vermehrung des Strebers bisher nicht gelungen. In der Natur suchen die Fische dazu Bereiche auf, die über eine sehr schnelle Wasserströmung verfügen. Dort werden pro Weibchen zwischen 600 und 4500 Eier abgelegt.

Lebensweise: Außerhalb der Paarungszeit sind Streber Einzelgänger. Im Gartenteich stellen sie sehr hohe Ansprüche an die Qualität des Wassers. Es muss nicht nur glasklar und mittels einer Pumpe immer in Bewegung sein, sondern auch einen sehr hohen Sauerstoffgehalt aufweisen. Außerdem mögen Streber keine Temperaturen über 23 °C.

Streifenhechtling
Aplocheilus lineatus

M 12 cm
W etwas kleiner

O

ganzjährig

nein

Familie: Cyprinodontidae, Eierlegende Zahnkarpfen.

Verbreitung und Lebensraum: Der sehr farbenprächtige Streifenhechtling stammt aus Vorderindien, wo er bevorzugt stehende und langsam fließende Gewässer besiedelt, die oft sehr flach sind. Er gehört zur Kategorie der Sommerfrischler, die aufgrund mangelnder Winterhärte nur zwischen Ende Mai und Anfang September im Gartenteich gepflegt werden können.

Nahrung: Streifenhechtlinge haben sich als unproblematische Kostgänger erwiesen, die sowohl Lebend-, Kunst- als auch Trockenfutter akzeptieren. In kleineren Teichen sorgen sie dafür, dass sich keine schwarzen Mückenlarven entwickeln können. Außerdem haben diese Fische eine große Vorliebe für Anflugnahrung, die noch auf der Wasseroberfläche zappelt. Erwachsene Streifenhechtlinge sollte man nicht mit schlanken, kleinen Arten, wie jungen Kardinalfischen, vergesellschaften, weil diese als Beute betrachtet und gejagt werden.

Vermehrung: Es handelt sich um Dauerlaicher, die täglich einige Eier an feinfiedrigen Wasserpflanzen oder Wurzeln von Schwimmpflanzen ablegen. Daraus schlüpfen nach etwa 12 bis 14 Tagen 6 bis 7 mm lange Jungfische.

Lebensweise: Streifenhechtlinge sind keine agilen Schwimmer. Im Gegenteil, oft verharren sie längere Zeit reglos unter Schwimmpflanzen, um auf vorbeischwimmende Beute zu warten.

Süßwasserschleimfisch
Salaria fluviatilis

8–12 cm | B | IV–VI | nein

Fische

Familie: Blenniidae, Schleimfische.

Verbreitung und Lebensraum: Diese auch als Flussschleimfisch bezeichnete Art besiedelt saubere, klare Fließgewässer und große Seen im Mittelmeerraum. Ein charakteristisches Merkmal des bunter gefärbten Männchens ist ein kammartiger Wulst auf dem Hinterkopf.

Nahrung: Bevorzugt wird kleines Lebendfutter gefressen, das sich in Bodennähe befindet. Außerdem akzeptieren Süßwasserschleimfische auch Frost-, Kunst- und Trockenfutter.

Vermehrung: Die revierbesetzenden Männchen werden zur Paarungszeit von den Weibchen in ihren Wohnhöhlen aufgesucht, die sich beispielsweise in einer Steinspalte befinden können. In der Natur kommt es häufig vor, dass ein Männchen nacheinander von mehreren Weibchen besucht wird. Die beiden Partner heften, in Rückenlage schwimmend, den Laich am Dach der Höhle fest. Anschließend übernimmt das Männchen die Bewachung des Geleges und versorgt es durch Flossenwedeln kontinuierlich mit Frischwasser. Bei einer Temperatur von etwa 20 °C vergehen bis zum Schlupf der Jungen durchschnittlich 14 Tage.

Lebensweise: Es hat sich als günstig erwiesen, diese Fische in einem Männchen-Weibchen-Verhältnis von 1 : 3 zu pflegen. Die Tiere sind lebhaft, zuweilen sogar neugierig und fühlen sich bei Wassertemperaturen von 10 bis 25 °C am wohlsten.

Ukelei

Alburnus alburnus

10–15 cm | O–M | IV–VI | nein

Familie: Cyprinidae, Karpfenfische.

Verbreitung und Lebensraum: Das natürliche Verbreitungsgebiet des auch als Laube bezeichneten Ukeleis erstreckt sich von Nord- über Mitteleuropa bis weit nach Sibirien. Außerdem trifft man diese Fische regelmäßig im Brackwasser der Nord- und Ostsee an, wobei gewöhnlich Stellen gemieden werden, die eine dichte Unterwasservegetation aufweisen.

Nahrung: Anflugnahrung steht bei den Ukeleis besonders hoch im Kurs. Darüber hinaus fressen sie auch anderes Lebend-, Kunst- und Frostfutter sowie gelegentlich zarte Wasserpflanzenteile.

Vermehrung: Zur Laichzeit bildet sich bei den etwas schlankeren Männchen am Kopf und Nacken grieskornartiger Laichausschlag. Das Ablaichen, das gewöhnlich nachts erfolgt, geht mit lautem Geplätscher einher. Dabei wird der Laich bevorzugt an Pflanzen und Dekorationsgegenständen abgesetzt, die sich in kiesreichen Flachwasserbereichen befinden. Bis zum Schlupf der Jungen vergehen etwa sieben Tage.

Lebensweise: Ukeleis sollten immer in Gruppen von mindestens zehn Exemplaren gepflegt werden. Sie sind schwimmfreudig und benötigen sehr sauberes Wasser mit einer hohen Sauerstoffsättigung und einer Temperatur, die möglichst nicht über 23 °C ansteigen sollte. Der pH-Wert des Wassers sollte 6.5 bis 7.2 betragen.

Ungarischer Hundsfisch

Umbra krameri

5–9 cm | M–O | II–IV | nein

Fische

Familie: Umbridae, Hundsfische.

Verbreitung und Lebensraum: Das Verbreitungsgebiet dieser Hundsfischart erstreckt sich von der mittleren Donau und den in ihrer Nähe gelegenen großen Seen bis zum Schwarzen Meer. Die Ungarischen Hundsfische haben eine ausgesprochene Vorliebe für sonnendurchflutete, stark verkrautete Bereiche, in denen keine oder nur eine sehr geringe Wasserströmung vorhanden ist.

Nahrung: Ähnlich wie der Amerikanische Hundsfisch ist auch diese Art hinsichtlich der Futteransprüche nicht wählerisch. An Lebendfutter werden alle Komponenten gefressen, die nur irgendwie zu bewältigen sind, wobei die Hundsfische auch Jungfischen und Kaulquappen nachstellen. Außerdem akzeptieren sie, wenn anfangs auch etwas zögerlich, Frost-, Trocken-, und Kunstfutter.

Vermehrung: Der Laich wird in einer kleinen Grube, zwischen dichten Pflanzenbeständen abgelegt, die das Weibchen mit ihren Flossen ausgefächelt hat. Anschließend übernimmt das Weibchen auch die Bewachung des Geleges, aus dem nach sieben bis zehn Tagen die Jungen schlüpfen. In kleineren Teichen neigen etwas kräftiger entwickelte Jungfische schnell dazu, schwächere Geschwister aufzufressen.

Lebensweise: Diese Fische, die sich bei Temperaturen von 18 bis 24 °C am wohlsten fühlen, werden oft zutraulich und lassen sich von ihrem Besitzer berühren.

Zebrabärbling

Danio rerio

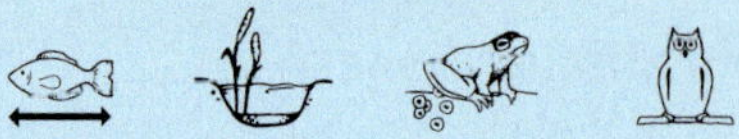

5,5 cm | M–O | ganzjährig | nein

Familie: Cyprinidae, Karpfenfische.

Verbreitung und Lebensraum: Das natürliche Verbreitungsgebiet des Zebrabärblings erstreckt sich über das östliche Vorderindien, wo er sowohl in kleinen stehenden als auch langsam fließenden Gewässern lebt. Im Gartenteich kann diese Fischart aufgrund der fehlenden Winterhärte nur zwischen Mai und September gepflegt werden.

Nahrung: Beim Zebrabärbling handelt es sich um einen pflegeleichten Fisch, der fast jede herkömmliche Futterkomponente akzeptiert. Oft komplettieren die Zebras ihren Speisezettel durch die Aufnahme pflanzlicher Nahrung, wobei sie gerne Grünlagen und zarte Wasserpflanzenblätter fressen.

Vermehrung: Nachdem die Männchen die Weibchen einige Zeit heftig im Teich herumgejagt haben, wird meist zwischen Wasserpflanzen abgelaicht. Anschließend betätigen sich die Altfische als Laichräuber und fressen einen Großteil des Geleges auf. Aus den verbleibenden Eiern schlüpfen nach zwei bis drei Tagen die Larven.

Lebensweise: Zebrabärblinge sind agile Fische, die viel freien Schwimmraum benötigen. Sie sollten in einem Schwarm gepflegt werden, der aus mindestens acht bis zwölf Exemplaren besteht. Zebrabärblinge eignen sich sehr gut für Miniteiche, in denen sie verhindern, dass sich aus den Mückenlarven die ungeliebten Stechmücken entwickeln.

Laubfrosch

Hyla arborea

5 cm | U bis F | IV–VI | ja

Familie: Hylidae, Laubfrösche.

Verbreitung und Lebensraum: Das natürliche Verbreitungsgebiet des Laubfroschs erstreckt sich vom Mittelmeerraum über große Teile Mitteleuropas bis zum Balkan. Hier hält er sich in feuchten Misch- und Laubwäldern oder in deren Nähe auf.

Nahrung: Es werden hauptsächlich Insekten gefressen.

Vermehrung: Laubfrösche bevorzugen zum Ablaichen Gewässer mit klarem, sauberem Wasser. Zu Beginn der Fortpflanzungszeit versuchen die Männchen mit möglichst lauten Rufen auf sich aufmerksam zu machen, denn nach diesem Kriterium werden sie gewöhnlich von den einige Tage später erscheinenden Weibchen zur Paarung ausgewählt. Jedes Weibchen ist in der Lage, bis zu 1000 Eier pro Jahr in Form großer Laichklumpen zu legen.

Die aus den Eiern schlüpfenden Larven sind wegen ihrer winzigen, gold-gelben Punkte, die sich auf der olivgrünen Haut befinden, relativ leicht zu identifizieren. Sie schließen ihre Metamorphose mit einer Körperlänge von etwa 1,5 cm ab.

Lebensweise: Laubfrösche sind ausgezeichnete Kletterer. Diese Fähigkeit verdanken sie zu einem Großteil dem hervorragenden Haftvermögen ihrer Füße. An warmen Tagen klettern sie oft an Pflanzen empor, um sich einen Platz zum Sonnen zu suchen. Die Überwinterung erfolgt stets an Land, beispielsweise in Erdhöhlen.

Ochsenfrosch

Rana catesbeiana

20 cm | U bis F | III–VII | nein

Familie: Ranidae, Frösche.

Verbreitung und Lebensraum: Die ursprüngliche Heimat dieses olivgrünen bis hellbraunen, fast gigantisch wirkenden Froschlurchs erstreckt sich vom Süden Kanadas über große Gebiete der USA bis nach Mexiko. Durch den Menschen wurde er nach Australien und Europa eingeschleppt. Vor allem in Südeuropa sagten ihm die Umweltbedingungen so gut zu, dass er sich, mangels natürlicher Feinde in manchen Regionen fast expolsionsartig vermehrte. Wer sich in Deutschland entschließt Ochsenfrösche zu pflegen, sollte unbedingt dafür sorgen, dass der Gartenteich mit einer kleinen Mauer oder Maschendraht umgeben ist, um ein Ausreißen dieser Tiere zu verhindern, was eine Faunenverfälschung nach sich ziehen würde.

Nahrung: Neben großen Insekten, Würmern und Schnecken werden auch andere Amphibien, sowie kleine Fische, Reptilien, Säugetiere und junge Vögel gefressen.

Vermehrung: Jedes Ochsenfroschweibchen legt durchschnittlich zwischen 20 000 und 25 000 Eier, die, zu großen Klumpen zusammengeballt, im Wasser schwimmen. Daraus schlüpfen nach vier bis fünf Tagen die Kaulquappen. Je nach Umweltbedingungen vergehen bis zum Abschluss ihrer Metamorphose 3 bis 14 Monate.

Lebensweise: Unter Einhaltung geringer Individualabstände leben Ochsenfrösche im Gartenteich gesellig zusammen.

Grasfrosch
Rana temporaria

12 cm | U bis F | III–IV | ja

Lurche

Familie: Ranidae, Frösche, Braunfrösche
Verbreitung und Lebensraum: Mit Ausnahme der südlichen Regionen kommt der auch als Märzfrosch bezeichnete Grasfrosch in ganz Europa vor. Er besiedelt bevorzugt Sümpfe, Moore, Wiesen und Ränder von Laubwäldern, die sich in der Nähe eines Gewässers befinden. Beim Grasfrosch handelt es sich um die am häufigsten vorkommende Froschart Europas. Im Unterschied zu den meisten Krötenarten sind Frösche etwas standorttreuer und kehren sehr häufig zu dem Gewässer zurück, in dem sie ihr Kaulquappenstadium durchlebt haben. Das trifft in besonderem Maße auf den Grasfrosch zu.
Nahrung: Neben Regenwürmern und Schnecken fressen Grasfrösche auch die unterschiedlichsten Insekten.
Vermehrung: Die Männchen, deren Rufe mehr an ein Knurren als ein Quaken erinnern, führen kleine Kämpfe um die paarungsbereiten Weibchen aus. Jedes Weibchen legt bis zu 4000 Eier ab, aus denen aufgrund der noch sehr niedrigen Wassertemperaturen die Kaulquappen meist erst nach zwei bis drei Wochen schlüpfen. Nach weiteren vier Monaten ist die Metamorphose der jungen Grasfrösche beendet. Beim ersten Landgang beträgt ihre Körperlänge etwa 1 cm.
Lebensweise: Im Unterschied zu den Altfröschen, die fast immer am Grund eines Gewässers überwintern, graben sich die jungen Grasfrösche meist an Land ein.

Moorfrosch
Rana arvalis

Familie: Ranidae, Frösche, Braunfrösche.

Verbreitung und Lebensraum: Moorfrösche kommen in einem Gebiet vor, das sich von Nord- über Mittel- bis Osteuropa erstreckt. Sie besiedeln vor allem feuchte Biotope, wie Nasswiesen, Auenlandschaften, Moore, Sümpfe und Waldgebiete, die eine besonders hohe Bodenfeuchtigkeit aufweisen. Aufgrund seiner Körperfärbung, in der die Brauntöne überwiegen, wird der Moorfrosch, genau wie der Grasfrosch, in die Gruppe der Braunfrösche eingeordnet.

Nahrung: Die Nahrung besteht aus Schnecken, Asseln, Würmern und Insekten, wobei sich unter den Insekten häufig ein hoher Schädlingsanteil befindet.

Vermehrung: Zur Laichzeit färben sich die Männchen am gesamten Körper himmel- bis königsblau. Außerdem schwellen während dieser Zeit die Daumenzehen an den Vorderbeinen deutlich an. Diese Verdickungen werden als Brunstschwielen bezeichnet und ermöglichen den Männchen ein besseres Festhalten beim Laichakt. Jedes Weibchen legt zwischen 3000 und 5000 Eier ab, die in Ballen vereint, oft an Wurzeln oder anderen Gegenständen angeheftet sind.

Lebensweise: Außerhalb der Laichzeit konzentrieren sich die Aktivitäten vor allem auf die Dämmerung sowie die Nachtstunden. Die Überwinterung erfolgt im weichen Bodensubstrat eines Gewässers oder in kleinen Höhlen an Land.

Seefrosch
Rana ridibunda

15 cm | U bis F | IV–V | ja

Familie: Ranidae, Frösche, Grünfrösche.

Verbreitung und Lebensraum: Zusammen mit dem Teich- und dem Wasserfrosch wird der Seefrosch der Gruppe der Grünfrösche zugeordnet. Mit Ausnahme der nördlichen Bereiche ist der Seefrosch in ganz Europa verbreitet, wo er bevorzugt Auenlandschaften und die Randbereiche größerer stehender sowie langsam fließender Gewässer besiedelt, die eine dichte Ufer- und Unterwasservegetation aufweisen. Je nach Verbreitungsgebiet kann die Rückenfärbung von olivgrün über gelblich bis hellbraun variieren.

Nahrung: Neben Schnecken, Würmern und Insekten verschmähen Seefrösche, vor allem bei Nahrungsmangel, auch kleinere Lurche nicht, unter denen sich sogar jüngere Artgenossen befinden können.

Vermehrung: Ab Mitte April stimmen sich die Männchen mit lauten Rufen auf die Laichzeit ein. Vom Absetzen des Laiches bis zum Schlupf der Kaulquappen vergehen etwa sieben Tage. Wie bei allen Fröschen ernähren sie sich zunächst von den Resten ihrer Eihüllen und von Mikroorganismen, die in großen Mengen in dem am Gewässergrund befindlichen Mulm enthalten sind. Später stellen die Kaulquappen ihre Ernährung ausschließlich auf pflanzliche Komponenten um, wie Grünalgen und kleine Stücke Kanadische Wasserpest.

Lebensweise: Die Überwinterung erfolgt, oft in unmittelbarer Nähe weiterer Artgenossen, im Bodensubstrat eines Gewässers.

Wasserfrosch

Rana lessonae

5–6 cm | U bis F | IV–V | ja

Familie: Ranidae, Frösche, Grünfrösche.

Verbreitung und Lebensraum: Der Wasserfrosch, der manchmal auch als Kleiner Wasserfrosch bezeichnet wird, ist in einem Gebiet verbreitet, das sich von Italien über Mittel- bis Osteuropa erstreckt. Als Lebensraum bevorzugt er wärmere, stehende Gewässer sowie die daran grenzenden Uferregionen.

Nahrung: Hauptsächlich werden kleinere Insektenarten, wie Fliegen und Mücken gefressen. Komplettiert wird das Nahrungsspektrum durch die gelegentliche Aufnahme von Würmern und Schnecken.

Vermehrung: Zur Laichzeit verändern die Männchen oft ihre Körperfärbung, die dann von Zitronengelb bis braun variieren kann. Wie bei allen einheimischen Fröschen erfolgt die Paarung stets im Wasser. Je nach Wassertemperatur schlüpfen die Kaulquappen aus dem zusammengeklumpten Laich nach fünf bis acht Tagen. Im Unterschied zu Molchlarven, bei denen im Laufe ihrer Entwicklung zuerst die vorderen Extremitäten zu sehen sind, entwickelt sich bei Froschlarven zunächst das hintere Extremitätenpaar. Nach durchschnittlich vier Monaten beenden die Wasserfrosch-Kaulquappen ihre Metamorphose. Vor dem ersten Landgang wird, wie bei allen Froschlurchen, der Schwanz nicht abgestoßen, sondern resorbiert.

Lebensweise: Wasserfrösche sind oft in hohen Individuendichten anzutreffen. Die Überwinterung erfolgt am Gewässergrund oder in feuchten Höhlen an Land.

Teichfrosch
Rana kl. esculenta

10–11 cm | U bis F | IV–V | ja

Familie: Ranidae, Frösche, Grünfrösche.

Verbreitung und Lebensraum: Mit Ausnahme der Pyrenäenhalbinsel, der Britischen Inseln sowie Teilen Nordskandinaviens kommt der Teichfrosch in ganz Europa vor. Hier besiedelt er vor allem wärmere, stehende sowie langsam fließende Gewässer, samt der angrenzenden Uferregionen. Noch immer diskutieren viele Wissenschaftler über den Artstatus dieses Lurchs, weil er eine natürlich entstandene Hybridform darstellt, die ursprünglich aus der Kreuzung von Seefrosch und Wasserfrosch hervorging. Gegenwärtig erhält sich diese Art vorwiegend durch die Paarung zwischen See- und Wasserfröschen. In Abhängigkeit von den Ahnen kann die äußere Erscheinung des Teichfroschs sehr variabel sein und mehr zum Wasser- oder Seefrosch tendieren oder einen Mischtyp zwischen beiden darstellen.

Nahrung: Gefressen wird fast jede zu bewältigende Lebendnahrung, zu der manchmal auch kleinere Lurche gehören.

Vermehrung: Pro Laichsaison legen die Weibchen bis zu 10 000 Eier, die in gallertigen Klumpen vereint sind. Aus ihnen schlüpfen nach einer Woche die Kaulquappen.

Lebensweise: Teichfrösche leben ähnlich gesellig wie der Wasserfrosch. Zum Rufen finden sich die Männchen häufig in Gruppen zusammen. Dabei sind die eingehaltenen Individualabstände oft sehr klein.

Erdkröte
Bufo bufo

12 cm | L bis F | 3.III–IV | ja

Familie: Bufonidae, Echte Kröten.

Verbreitung und Lebensraum: Die Erdkröte kommt in ganz Europa vor und ist im Vergleich zu vielen anderen Krötenarten verhältnismäßig anspruchslos. Im Unterschied zu den meisten Fröschen verbringen Erdkröten und alle anderen einheimischen Krötenarten nicht die gesamte wärmere Jahreszeit am oder im Wasser, sondern finden sich dort nur zur Paarungszeit ein. Um an ihr Ablaichgewässer zu gelangen, müssen manche Erdkröten Strecken von über zwei Kilometern zurücklegen. Insbesondere ältere Exemplare erweisen sich dabei, im Unterschied zur restlichen Krötenverwandtschaft, als sehr standorttreu und sind bestrebt, immer wieder zu dem selben Laichgewässer zurückzukehren. Dagegen verirren sich jüngere Tiere häufig an andere Gewässer und setzen darin ihren Laich ab.

Nahrung: Erdkröten ernähren sich ausschließlich von kleinen Schnecken, Würmern, Insekten, Spinnen und Asseln, von denen einige im Garten große Schäden verursachen können.

Vermehrung: Oft umklammern die kleineren Männchen die Weibchen schon auf dem Weg zum Laichgewässer und lassen sich von ihm tragen. Die Eier werden in gallertigen Schnüren abgesetzt, aus denen circa zwei Wochen später Kaulquappen schlüpfen.

Lebensweise: Außerhalb der Paarungszeit sind Erdkröten vor allem in der Dämmerung, nachts und bei feuchtem Wetter aktiv. Tagsüber verstecken sie sich meist unter feuchten Steinen und Hölzern.

Kreuzkröte
Bufo calamita

7 cm | L bis F | IV–VI | ja

Familie: Bufonidae, Echte Kröten.

Verbreitung und Lebensraum: Kreuzkröten trifft man in ganz West- und Mitteleuropa an, wo sie Lebensbereiche mit sandigem Untergrund und einer nicht zu dichten Vegetation bevorzugen. Die Kreuzkröte erhielt ihren Populärnamen aufgrund des über den gesamten Rücken verlaufenden hellen, stets warzenlosen Längsstreifens. Ein weiteres markantes Merkmal sind die sehr kurzen Hinterextremitäten, die der Kreuzkröte ein etwas pummeliges Aussehen verleihen. Aufgrund dieser ist die Kreuzkröte nicht in der Lage, Sprünge auszuführen und kann sich nur gehend fortbewegen, wobei sie oft eine beachtliche Geschwindigkeit entwickelt.

Nahrung: Die Nahrung besteht meist aus Insekten, Spinnen und Würmern.

Vermehrung: Die Eier werden in gallertigen Schnüren im Wasser abgelegt. Nach dem Schlupf geht die Entwicklung der Kaulquappen in einem enormen Tempo vonstatten. In der Regel ist sie nach sechs bis zehn Tagen abgeschlossen. Dann begeben sich die jungen Kreuzkröten, deren Körperlänge zu diesem Zeitpunkt maximal einen Zentimeter beträgt, erstmals an Land.

Lebensweise: Kreuzkröten sind nicht nur geschickte Kletterer, sondern auch äußerst grabfreudig. Zur Überwinterung graben sie sich oft bis zu 3 m tief in die Erde ein. Bei einer drohenden Gefahr stellen sich Kreuzkröten häufig tot.

Wechselkröte
Bufo viridis

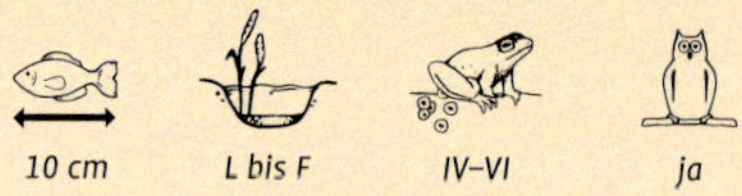

Familie: Bufonidae, Echte Kröten.

Verbreitung und Lebensraum: Die Wechselkröte ist sowohl in Mittel-, Süd-, als auch Osteuropa beheimatet, wo sie, außerhalb der Paarungszeit, teilweise sogar recht trockene Lebensräume besiedelt. Lediglich dichte Waldgebiete werden weitgehend gemieden. Im Unterschied zur Erdkröte sind Wechselkröten häufig auch während der hellen Tagstunden aktiv. Der Körper dieses schlanken Froschlurchs ist hellgrau bis helloliv gefärbt und wird von vielen großflächigen dunkelgrünen Flecken überzogen. Die für Kröten typischen Warzen sind klein und zeigen eine rötliche Färbung.

Nahrung: Wechselkröten haben sich als gute Schneckenvertilger erwiesen. Außerdem fressen sie Insekten, Spinnen und Würmer.

Vermehrung: Zur Laichzeit ist das Rufkonzert der Wechselkröten weit zu hören. Viele Menschen halten es sogar für das schönste aller einheimischen Lurche. Aus den bis zu 12 000 Eiern, die jedes Weibchen pro Laichsaison legen kann, schlüpfen nach fünf bis sieben Tagen Kaulquappen. Diese sind sehr scheu und formieren sich im Unterschied zu denen der Erdkröte nicht in Schwärmen, sondern schwimmen einzeln im Wasser.

Lebensweise: Wechselkröten haben sich als typische Kulturfolger erwiesen. Dabei legen die wanderfreudigen Tiere oft große Strecken zurück.

Knoblauchkröte

Pelobates fuscus

8 cm | L bis F | IV–V | ja

Familie: Pelobatidae, Europäische Schaufelfußkröten.

Verbreitung und Lebensraum: Die Knoblauchkröte besiedelt ein Territorium, das sich von Nord- und Mitteleuropa bis nach Sibirien und in die nördlichen Kaukasusregionen erstreckt. Am häufigsten ist dieser Lurch in relativ trockenen, wenig beschatteten Lebensräumen, wie in Gärten sowie auf Wiesen und Feldern anzutreffen, wobei eine Vorliebe für stärker sandhaltige Böden besteht. Ein typisches Merkmal, das die Knoblauchkröte von den Echten Kröten unterscheidet, sind ihre senkrecht stehenden Pupillen. Im Unterschied dazu besitzen die Kröten waagerechte Pupillen. Außerdem sondert die Knoblauchkröte bei Bedrohung ein Sekret ab, dessen Geruch stark an Knoblauch erinnert und vom dem sich der Populärname dieser Tiere ableitet.

Nahrung: Es werden hauptsächlich Käfer, Schnecken und Würmer gefressen.

Vermehrung: Aus den in gallertigen Schnüren abgelegten schwarzbraunen Eiern schlüpfen bei günstigen Umgebungstemperaturen bereits nach vier bis fünf Tagen die Kaulquappen. Obwohl die meisten sehr zügig heranwachsen, ist gelegentlich zu beobachten, dass einige erst im folgenden Jahr ihre Metamorphose abschließen und im Quappenstadium den Winter überdauern.

Lebensweise: Knoblauchkröten sind vor allem in der Dämmerung und nachts aktiv. In warmen Sommernächten starten sie ihre Streifzüge oft erst nach 20.00 Uhr.

Geburtshelferkröte
Alytes obstetricans

5 cm | U | III–IV | ja

Familie: Discoglossidae, Scheibenzüngler.

Verbreitung und Lebensraum: Das Verbreitungsgebiet der Geburtshelferkröte, die manchmal auch als Gemeine Geburtshelferkröte bezeichnet wird, erstreckt sich von der Pyrenäenhalbinsel bis nach Mitteldeutschland.

Sie bevorzugt warme, feuchte Lebensräume, die sich in der Nähe kleinerer stehender Gewässer befinden und über zahlreiche Verstecke, wie etwa Mauernischen und flache Steinvorsprünge verfügen.

Nahrung: Erwachsene Geburtshelferkröten fressen jede herkömmliche kleine Lebendnahrung, die sich unter anderem aus Schnecken, Würmern und Insekten zusammensetzt. Die Kaulquappen ernähren sich teilweise auch von Aas.

Vermehrung: Am Ende der Paarung, die an Land erfolgt, wickelt sich das Männchen die Laichschnüre um die Hinterbeine und trägt diese zum Schutz vor Feinden mit sich herum. Um ein Austrocknen zu verhindern, befeuchtet das Männchen die Laichschnüre in regelmäßigen Abständen. Unmittelbar vor dem Schlupf der Kaulquappen wird ein Gewässer aufgesucht und der Laich darin deponiert. Die Metamorphose der Kaulquappen dauert gewöhnlich acht bis zehn Monate, weshalb eine Überwinterung im Gewässer erforderlich wird.

Lebensweise: Zur Paarungszeit finden sich die Männchen oft in großen Kolonien zusammen und veranstalten unter Einhaltung von bestimmten Individualabständen ein Rufkonzert.

Gelbbauch-Unke

Bombina variegata

4,5 cm | U bis F | IV–VII | ja

Familie: Bombinatoridae, Unkenartige; bis vor kurzem wurden Unken häufig der Familie der Scheibenzüngler, Discoglossidae, zugeordnet.

Verbreitung und Lebensraum: Dieser auch als Bergland- oder Gebirgs-Unke bezeichnete Lurch ist von Frankreich bis zum Einzugsbereich des Schwarzen Meeres verbreitet. Im Unterschied zur Rotbauch-Unke ist die Gelbbauch-Unke nicht ganz so stark an das Wasser gebunden, sondern besiedelt häufig auch Kleingewässer, die in regelmäßigen Abständen austrocknen. Rot- und Gelbbauch-Unken kommen fast nie in einem gemeinsamen Lebensraum vor, weil ihre Ansprüche so ähnlich sind, dass gewöhnlich eine der beiden Arten durch die andere verdrängt wird.

Nahrung: Es werden vor allem Würmer und Insekten gefressen.

Vermehrung: Zur Laichzeit entwickeln sich bei den Männchen hornartige Wucherungen an Fingern und Unterarmen. Die bis zu 300 Eier, die jedes Weibchen pro Laichsaison produzieren kann, werden in kleinen Klumpen an Unterwasserpflanzen abgelegt. In Abhängigkeit von der Wassertemperatur schlüpfen daraus bereits nach drei bis sieben Tagen die Kaulquappen. Diese benötigen bis zum Abschluss ihrer Metamorphose oft nur einen Monat. Die jungen Gelbbauch-Unken besitzen eine Länge von 1 bis1,5 cm.

Lebensweise: Gelbbauch-Unken leben oft gesellig zusammen, wobei die Männchen gemeinsame Rufkonzerte durchführen.

Rotbauch-Unke
Bombina bombina

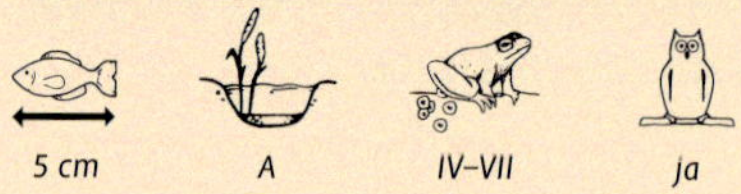

Familie: Bombinatoridae, Unkenartige.

Verbreitung und Lebensraum: Die auch als Tiefland-Unke bezeichnete Rotbauchunke ist in Mittel- und Osteuropa beheimatet, wo sie vor allem stehende Gewässer besiedelt, wie sumpfige Wiesen und Bachauen. Oft haben diese Tiere eine schwarzgraue, seltener moosgrüne Rückenfärbung. Ihren Populärnamen verdanken diese Lurche dem rot-schwarzen Fleckenmuster auf der Bauchseite.

Nahrung: Das Nahrungsspektrum gleicht dem der Gelbbauch-Unke.

Vermehrung: Während der Paarung werden die Eier von den Weibchen, die in manchen Jahren mehrfach ablaichbereit sind, klumpenartig an Unterwasserpflanzen abgelegt. Die nach etwa einer Woche schlüpfenden Kaulquappen benötigen bis zum Abschluss der Metamorphose maximal zwei Monate. Anschließend beansprucht jede der nur 1 cm großen Jungunken eine eigene Wasseransammlung für sich, die aber oft nur Handtellergröße aufweist.

Lebensweise: Sowohl Gelb- als auch Rotbauch-Unken sind verhältnismäßig scheu. Befinden sie sich bei einer drohenden Gefahr im Wasser, tauchen sie sofort zum Grund ab. Am Land überrascht, zeigen sie oft den Unkenreflex, indem sie sich tot stellen. Sie werfen sich schnell auf den Rücken und präsentieren ihre grelle Bauchseite. Die Vorderbeine sind dabei über den Kopf verschränkt und die Hinterbeine aufwärts gekrümmt.

Bergmolch
Triturus alpestris

M bis 8 cm
W bis 11 cm

B–O III–VII
U VIII–II

IV–VI

ja

Lurche

Familie: Salamandridae, Echte Salamander.
Verbreitung und Lebensraum: Bergmolche besiedeln mit zahlreichen Unterarten ein Gebiet, das sich vom nördlichen Spanien über ganz Mitteleuropa bis nach Dänemark, den Balkan und die westliche Ukraine erstreckt. Dabei sind die Bergmolche sowohl im Flachland als auch in Gebirgsregionen zu finden, wo sie ursprünglich vor allem in feuchten Wäldern lebten. In den letzten Jahrzehnten hat sich der Bergmolch aber oft als ein anpassungsfähiger Kulturfolger erwiesen.
Nahrung: An Land werden vor allem Schnecken, Würmer und Kerbstiere gefressen. Im Wasser stellen Bergmolche auch Kleinkrebsen und Kaulquappen nach.
Vermehrung: Zur Paarungszeit färbt sich bei den etwas kleineren Männchen die Bauchregion kräftig orange und am Schwanz entwickelt sich ein glattrandiger Saum. Die Paarung findet stets im Wasser statt. Etwa eine Woche danach legen die Weibchen bis zu 100 Eier, die sie einzeln in Unterwasserpflanzenblätter einfalten. Nach zwei bis drei Wochen schlüpfen daraus die Larven, die rund drei Monate später ihre Metamorphose abschließen.
Lebensweise: Wie bei allen einheimischen Molcharten tritt auch beim Bergmolch gelegentlich Neotenie auf. Dabei handelt es sich um erwachsene Exemplare, die als Larvenform im Wasser bleiben und nicht wie die meisten ihrer Artgenossen einen Großteil des Jahres an Land verbringen.

Fadenmolch

Triturus helveticus

9–11 cm | B–O III–VII U VIII–II | IV–VI | ja

Familie: Salamandridae, Echte Salamander.

Verbreitung und Lebensraum: Das Verbreitungsgebiet des Fadenmolchs, der seine Bezeichnung aufgrund einer fadenartigen Verlängerung am Ende seines Schwanzes erhielt, erstreckt sich von Großbritannien über Teile Mitteleuropas bis zur Pyrenäenhalbinsel. Als Lebensraum bevorzugen Fadenmolche vegetationsreiche, feuchte Landschaften, in denen sich klare, stehende oder langsam fließende Gewässer befinden, die üppige Unterwasserpflanzenbestände aufweisen.

Nahrung: Bezüglich ihrer Erährungsansprüche sind Fadenmolche nicht wählerisch. Es wird fast jede Lebendnahrung vertilgt, die nur irgendwie ins Maul passt.

Vermehrung: Ganz nach Molchmanier setzen die etwas kleineren, jedoch zur Paarungszeit kräftiger gefärbten Männchen, ihre Spermienpakete ab, welche die Weibchen mit ihrer Kloake aufnehmen. Etwa eine Woche nach der Paarung werden pro Weibchen bis zu 300 Eier an Wasserpflanzenblätter abgelegt, aus denen nach zwei bis vier Wochen die Larven schlüpfen. Bis zum Abschluss der Metamorphose vergehen weitere vier Monate. Weil Fadenmolche oft die gleichen Lebensräume wie Kamm- und Teichmolche besiedeln, treten bei diesen Lurchen gelegentlich Artkreuzungen auf.

Lebensweise: Außerhalb der Paarungszeit sind Fadenmolche Einzelgänger, die sich am Tag oft an feuchten Stellen verstecken.

Feuersalamander
Salamandra salamandra

20 cm | U bis F | Geburt II–IV | ja

Familie: Salamandridae, Echte Salamander.

Verbreitung und Lebensraum: Feuersalamander besiedeln ein Gebiet, dass sich von Nordafrika über große Teile Europas bis nach Westasien erstreckt. Als Lebensräume bevorzugen sie feuchte, vegetationsreiche Laub-, Misch- und Auenwälder, in denen sich fließende Gewässer befinden. An den Gartenteich verirren sich Feuersalamander zumeist nur, wenn diese mit einem künstlichen Bachlauf kombiniert sind und somit eine ständige Wasserzirkulation vorhanden ist.

Nahrung: Es werden Würmer, Schnecken, Insekten sowie deren Larven gefressen.

Vermehrung: Feuersalamander sind ovovivipar. Zur Paarung, die im Spätfrühling oder Frühsommer des Vorjahres erfolgt, suchen die Männchen aktiv nach den Weibchen. Anschließend entwickeln sich die Larven acht Monate lang im Leib der Mutter und werden von dieser am Ende des Winters in fließendes Wasser abgesetzt. Im Gegensatz zu jungen Molchlarven, besitzen Feuersalamanderlarven bereits bei ihrer Geburt vier annähernd vollentwickelte Beine. Für die weitere Metamorphose benötigen sie etwa fünf Monate.

Lebensweise: Feuersalamander sind Einzelgänger. Lediglich in den Wintermonaten, die meist in Höhlen verbracht werden, kann es vorkommen, dass sich diese Tiere in Gruppen zusammenfinden.

Kammmolch

Triturus cristatus

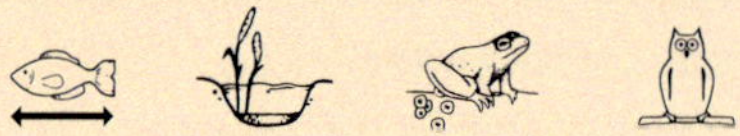

17–20 cm | B–O III–VIII U IX–II | IV–VI | ja

Familie: Salamandridae, Echte Salamander.

Verbreitung und Lebensraum: Außer auf der Pyrenäenhalbinsel ist der Kammmolch in nahezu ganz Europa verbreitet, wo meist vegetationsreiche stehende Gewässer besiedelt werden. Viele Gartenteichbesitzer haben oft Mühe, Teichmolche sicher von dem größeren Kammmolch zu unterscheiden. Das wesentlichste Unterscheidungsmerkmal besteht darin, dass der männliche Teichmolch zur Paarungszeit einen durchgehenden Kammsaum ausbildet, während Rücken- und Schwanzkamm beim Kammmolchmännchen deutlich von einander getrennt sind.

Nahrung: Es werden Würmer, Schnecken, Insekten und Kaulquappen gefressen.

Vermehrung: Kammmolche führen ein sehenswertes Balzspiel durch, bei dem das Männchen das Weibchen mit aufgestelltem Kamm im Wasser umtanzt. Aus den an Wasserpflanzen abgelegten Eiern schlüpfen nach etwa zwei Wochen die Larven.

Lebensweise: Der Kammmolch ist wesentlich enger an das Wasser gebunden als alle anderen einheimische Molcharten, was dadurch ersichtlich wird, dass er sich von März bis August in Gewässern aufhält. An Land leben Kammmolche gewöhnlich als Einzelgänger. Nur zur Winterruhe kann es passieren, dass sich mehrere Exemplare ein Quartier teilen. Gelegentlich auftretende neotonische Exemplare sind nicht fortpflanzungsfähig.

Teichmolch

Triturus vulgaris

17–20 cm | B–O III–VI U VII–II | IV–V | ja

Lurche

Familie: Salamandridae, Echte Salamander.

Verbreitung und Lebensraum: Der auch als Streifenmolch bezeichnete Teichmolch ist außer auf der Pyrenäenhalbinsel in ganz Europa verbreitet. In Deutschland handelt es sich um die zahlenmäßig am stärksten auftretende Molchart.

Gegen Ende Juni verlassen die Teichmolche ihr Fortpflanzungsgewässer und halten sich die restliche Zeit des Jahres an Land auf, wo ihnen kühle, feuchte Orte am meisten zusagen. Zuvor beginnen die Teichmolche, wie alle anderen einheimischen Molcharten, ihre Landtracht auszubilden. Dabei erfolgt nicht nur ein Resorbieren der Hautsäume, sondern auch die Haut selbst, die zuvor glatt und glänzend war, wird immer rauer und stumpfer.

Nahrung: In Abhängigkeit vom jeweiligen Lebensraum, den diese Art besiedelt, setzt sich die Nahrung vorwiegend aus Kaulquappen oder Schnecken sowie Würmern und Insekten zusammen.

Vermehrung: Aus den bis zu 300 Eiern, welche die Weibchen einzeln in Wasserpflanzenblätter deponieren, schlüpfen nach etwa zwei Wochen die Jungen. Nach weiteren drei Monaten ist die Metamorphose abgeschlossen und die jungen Molche begeben sich, inzwischen 4 bis 4,5 cm lang, erstmals an Land.

Lebensweise: An Land führen Teichmolche ein verstecktes Leben, weshalb man sie nur selten zu Gesicht bekommt.

Blindschleiche
Anguis fragilis

30–35 cm | U | Paarung IV Geburt VII–VIII | ja

Familie: Anguidae, Schleichen.

Verbreitung und Lebensraum: Bei diesem mehr oder weniger bronzefarbenen Kriechtier handelt es sich nicht um eine Schlange, sondern um eine Echse, die in fast ganz Europa sowie in Nordafrika verbreitet ist. Blindschleichen gehören zwar nicht zu den Tieren, die sich im Teich tummeln, aber sie besiedeln oft in Ufernähe gelegene Stellen, wie Spalten unter Steinen oder Höhlen unter Totholzstücken.

Nahrung: Blindschleichen ernähren sich hauptsächlich von Würmern und Nacktschnecken, während Insekten und Spinnen nur in geringen Mengen aufgenommen werden.

Vermehrung: Männliche Bindschleichen erreichen bereits nach drei Jahren die Geschlechtsreife, während die Weibchen dafür ein bis zwei Jahre länger benötigen. Die 7 bis 8 cm langen Jungtiere kommen entweder lebend zur Welt oder schlüpfen unmittelbar nach dem sie mit samt der Eihülle aus dem mütterlichen Körper ausgestoßen wurden. Typisch für die jungen Blindschleichen ist ein schwarzer Längsstrich auf dem Rücken.

Lebensweise: Auf Nahrungssuche begeben sich Blindschleichen gewöhnlich alleine. Dagegen werden Schlaf- und Ruheplätze oft mit weiteren Artgenossen geteilt. Im Herbst verkriechen sich die Blindschleichen in Erdhöhlen oder dichten Laubhaufen und verfallen in eine Kältestarre, aus der sie erst wieder im folgenden Frühjahr erwachen.

Gelbwangen-Schmuckschildkröte

Trachemys scripta scripta

W bis 27 cm
M bis 18 cm

A

VI–IX

nein

Familie: Emydidae, Sumpfschildkröten.

Verbreitung und Lebensraum: Die Heimat der Gelbwangen-Schmuckschildkröte sind die Südstaaten der USA, wo bevorzugt stehende Gewässer und deren Ufer besiedelt werden. Im Gartenteich ist eine Freilandüberwinterung nicht zu empfehlen, weil sie etwas wärmebedürftiger sind als Rotwangen-Schmuckschildkröten.

Ihren Namen verdankt die Gelbwangen-Schmuckschildkröte den gelben Flecken, die sich auf beiden Seiten unmittelbar hinter den Augen befinden.

Nahrung: Junge Gelbwangen-Schmuckschildkröten nehmen bevorzugt tierische Nahrungsbestandteile auf. Mit zunehmendem Alter wird aber zu einem immer größeren Teil pflanzliche Kost gefressen.

Vermehrung: Bei der im Wasser stattfindenden Paarung klettert das kleine Männchen, das gut an den stark verlängerten Krallen seiner Vorderextremitäten zu erkennen ist, auf den Rücken des Weibchens. Dieses legt bis zu sechsmal jährlich Eier, wobei die Eizahl pro Gelege zwischen zwei und 20 schwanken kann. Vor der Eiablage gräbt das Weibchen mit ihren Hinterbeinen in weichem Boden eine Grube, die zur Aufnahme des Geleges dient.

Lebensweise: Die Gelbwangen-Schmuckschildkröte ist eine schwimmfreudige, scheue Art, die bei einer drohenden Gefahr taucht. Für die Entwicklung und Gesunderhaltung des Panzers sind Sonnenbäder unbedingt notwendig.

Rotwangen-Schmuckschildkröte

Trachemys scripta elegans

25 cm | A | VI–VIII | ja

Familie: Emydidae, Sumpfschildkröten.

Verbreitung und Lebensraum: Die ursprüngliche Heimat der Rotwangen-Schmuckschildkröten erstreckt sich über große Regionen an der Ostküste der USA und reicht weit ins Landesinnere. Darüber hinaus sind sie in einigen Gegenden Nordmexikos verbreitet. In diesem riesigen Verbreitungsareal besiedeln die Tiere bevorzugt stehende sowie langsam fließende Gewässer.

Inzwischen wurden in einigen Ländern Europas Rotwangen-Schmuckschildkröten entweder mutwillig in de Natur ausgesetzt oder sind aus Teichanlagen entflohen. Aufgrund des milden Klimas, das in einigen Gebieten herrscht, konnten sie sich stellenweise dauerhaft etablieren und tragen so zur Faunenverfälschung bei.

Nahrung: Junge Tiere akzeptieren nur tierische Nahrungskomponenten, wie Regenwürmer, Nacktschnecken und klein geschnittenen Fisch. Mit zunehmendem Alter wird auch vegetarische Nahrung in Form von zarten Wasserpflanzen gefressen.

Vermehrung: Die Paarung erfolgt im Wasser. Legebereite Weibchen graben meist in den Nachtstunden an Land eine Grube, in der sie acht bis zehn der weichschaligen Eier deponieren. Die bis zum Schlupf vergehende Zeit hängt stark von den jeweiligen Umweltparametern ab.

Lebensweise: Sehr agile Art, die unbedingt ausreichend Plätze für ihre Sonnenbäder benötigt.

Ringelnatter
Natrix natrix

70–100 cm | U und O | Paarung IV Geburt VII–VIII | ja

Kriechtiere

Familie: Colubridae, Nattern.

Verbreitung und Lebensraum: Außer in Skandinavien und Irland ist die Ringelnatter mit mehreren Unterarten in ganz Europa verbreitet. Das charakteristischste Merkmal dieser Schlange, die immer noch häufig mit der giftigen Kreuzotter, *Vipera berus*, verwechselt wird, sind ihre weißlichen bis kräftig orangegelben, halbmondförmigen Flecken, die sich an beiden Seiten hinter dem Kopf befinden. Am wohlsten fühlt sie sich auf feuchten, vegetationsreichen Wiesen und Weiden, die an stehende oder langsam fließende Gewässer grenzen. Gleichzeitig müssen in diesen Lebensräumen genügend Plätze vorhanden sein, an denen die Ringelnattern ausgiebige Sonnenbäder nehmen können.

Nahrung: Junge Ringelnattern fressen vor allem Kleingetier, wie Regenwürmer und Kaulquappen. Erwachsene Exemplare stellen bevorzugt Fischen, Lurchen, Mäusen und Spitzmäusen nach.

Vermehrung: Zur Vermehrung finden sich oft mehr als 50 Ringelnattern an einen Ort zusammen, wobei fast immer ein Männchenüberschuss herrscht. Zwei Monate später werden von den Weibchen die klebrigen Eier abgelegt, aus denen im Frühherbst die jungen Ringelnattern schlüpfen.

Lebensweise: Ringelnattern können nicht nur gut schwimmen, sondern auch tauchen. Den Winter verbringen die Tiere in Kältestarre in Laubhaufen, Höhlen, unter Baumstümpfen oder zwischen Steinen.

Eiförmige Schlammschnecke
Radix ovata

1,4–1,8 cm | B–O | IV–VIII | nein

Familie: Lymnaeidae, Schlammschnecken. Der Populärname dieser Art, die früher als *Lymnaea ovata* bezeichnet wurde, rührt von ihrem Gehäuse her, das mehr oder weniger eiförmig aussieht.

Verbreitung und Lebensraum: Von einigen wenigen Regionen abgesehen, ist die Eiförmige Schlammschnecke nicht nur in ganz Europa verbreitet, sondern auch in Nordafrika sowie in Teilen Asiens. Neben den unterschiedlichsten stehenden und langsam fließenden Gewässern trifft man diese Schnecke gelegentlich im Brackwasser an. Am wohlsten fühlt sich die Eiförmige Schlammschnecke, wenn eine üppige Unterwasservegetation vorhanden ist.

Nahrung: Eiförmige Schlammschnecken sind in ihren Nahrungsansprüchen nicht sonderlich wählerisch. Neben Grünalgen werden auch halb zersetzte Pflanzenteile sowie Aas gefressen.

Vermehrung: Eiförmige Schlammschnecken sind Zwitter. Allerdings fungiert bei der Paarung oft eins der beiden Tiere als Männchen und das andere als Weibchen. Die Eier sind von einem gallertigen Band umhüllt und werden an Wasserpflanzen oder Steinen abgelegt. In jedem dieser Bänder können sich bis zu 200 Eier befinden.

Lebensweise: Es handelt sich um eine lungenatmende Art. Durch Bewegung der Mantelmuskulatur verändert sie ihre innere Dichte und kann dadurch schnell zur Wasseroberfläche aufsteigen oder zum Gewässergrund sinken.

Flache Tellerschnecke

Planorbis planorbis

0,9–1,8 cm	B–O	V–VIII	nein

Familie: Planorbidae, Tellerschnecken. Die Flache Tellerschnecke wird oft als Gemeine oder Zwerg-Tellerschnecke bezeichnet.

Verbreitung und Lebensraum: Die Flache Tellerschnecke ist in vielen Gebieten der nördlichen Erdhalbkugel verbreitet. Hier hält sie sich vorwiegend auf schlammigen Bodensubstraten stehender und langsam fließender, pflanzenreicher Gewässer auf.

Nahrung: Unter natürlichen Bedingungen ernährt sich diese Schneckenart hauptsächlich von Grünalgen und sich zersetzenden pflanzlichen Materialien. Im Gartenteich lassen sich die Tiere auch mit Salat sowie in Scheiben geschnittenen Birnen und süßlichen Äpfeln füttern.

Vermehrung: Flache Tellerschnecken sind Zwitter, die sich gegenseitig befruchten. Die Gelege, die zumeist aus weniger als 30 Eiern bestehen und einen Durchmesser von 6 bis 8 mm aufweisen, werden scheibenartig an Wasserpflanzen, Steine oder Wurzelhölzer geheftet. In Abhängigkeit von der Wassertemperatur schlüpfen daraus nach 10 bis 15 Tagen die Jungschnecken.

Lebensweise: Während der Sommermonate begibt sich diese Art zum Luftholen immer wieder an die Wasseroberfläche. Im Winter, wenn eine Eisdecke das Gewässer überzieht, füllen die Flachen Tellerschnecken ihre Lungen mit Wasser, die dann wie Kiemen funktionieren. Außerdem können diese Schnecken zusätzlich Sauerstoff über die Haut aufnehmen.

Flussnapfschnecke
Ancylus fluviatilis

0,5–0,7 cm | B–O | V–VIII | nein

Familie: Ancylidae, Flussnapfschnecken.

Verbreitung und Lebensraum: Diese Schneckenart ist nicht nur in fast ganz Europa, sondern auch in Teilen Nordafrikas, sowie Transkaukasiens verbreitet. Sie besiedelt vor allem größere kühlere Fließgewässer, in denen sich sauberes, kalkarmes Wasser befindet. Im Flachland kommt sie etwas seltener vor als in gebirgigen Gegenden. Interessanterweise wird die Gehäuseform der Flussnapfschnecke weitgehend von der Köcherfliegenlarve *Thremma gallicum* beim Bau ihrer Behausung imitiert.

Nahrung: Es werden hauptsächlich Grünalgen und kleine Detrituspartikel gefressen.

Vermehrung: Flussnapfschnecken sind Zwitter. Es werden meist nur drei bis zehn Eier in uhrglasähnlichen Gallertklümpchen an Steinen oder anderen Gegenständen abgelegt, aus denen nach drei bis vier Wochen die Jungschnecken schlüpfen.

Lebensweise: An Steinen oder Holzstücken festgesaugt, leben Flussnapfschnecken oft in kolonieähnlichen Verbänden zusammen, in denen sie sich wenig agil verhalten. Aufgrund ihrer sehr stark zurückgebildeten Lungen begibt sich diese Schneckenart nie zum Luftholen an die Wasseroberfläche, sondern deckt ihren Sauerstoffbedarf komplett über Hautatmung ab. Im Gegensatz zur ähnlich aussehenden Teichnapfschnecke, *Acroloxus lacustris*, ist das Gehäuse der Flussnapfschnecke etwas spitzzipfliger.

Gemeine Bernsteinschnecke

Succinea putris

0,8–1,1 cm	B–O	V–VIII	nein

Familie: Succineidae, Bernsteinschnecken.

Verbreitung und Lebensraum: Diese Schneckenart ist nicht nur in großen Teilen Europas, sondern auch in West- und Nordasien häufig anzutreffen, wo sie vor allem die Uferbereiche der unterschiedlichsten Gewässer bewohnt. Dagegen findet man sie auf angrenzenden Feuchtwiesen oder sonstigen vernässten Stellen nur selten. Dadurch präsentiert sich die Gemeine Bernsteinschnecke unter allen Landlungenschnecken als die am stärksten ans Wasser gebundene Art.

Nahrung: Gefressen werden frische und verwelkte Teile von Uferpflanzen.

Vermehrung: Bei der Gemeinen Bernsteinschnecke handelt es sich um einen Zwitter. Die bis zu 100 Eier werden in gallertigen Laichklümpchen an Pflanzen abgelegt.

Lebensweise: Nicht wenige Bernsteinschnecken fallen durch ihre extrem großen, weiß-grün-braun geringelten Fühler auf. Diese Färbung rührt von dem parasitisch in den Fühlern lebenden Saugwurm *Leucochloridium paradoxum* her, dem Bernsteinschnecken als Zwischenwirte dienen. Als Endwirte fungieren Vögel, welche durch die auffällige Fühlerfärbung der Schnecken angelockt werden. Picken die Vögel nach den Fühlern, infizieren sie sich mit dem Wurm, der anschließend in ihrem Körper parasitiert. Der Infektionszyklus schließt sich durch den Vogelkot, in dem sich die Wurmeier befinden, welche die Schnecken mit der Nahrung aufnehmen.

Gemeine Schnauzenschnecke

Bithynia tentaculata

0,8–1,1 cm | B–O | V–VIII | nein

Familie: Hydrobiidae, Schnauzenschnecken. *Bithynia tentaculata wird* auch häufig als Langfühlerige Schnauzenschnecke oder Schleischnecke bezeichnet. Außerdem wird diese Schnecke mitunter in den Familien Bithynidae beziehungsweise Bulimidae geführt.

Verbreitung und Lebensraum: Die Gemeine Schnauzenschnecke ist in den flacheren Gebieten der nördlichen Erdhalbkugel weit verbreitet, wo sie sowohl stehende als auch langsam fließende Gewässer besiedelt. In Deutschland gehört die Gemeine Schnauzenschnecke zu den häufigsten Weichtieren des Süßwassers.

Nahrung: Hauptsächlich werden Algen und halb verrottete Pflanzenteile gefressen. Darüber hinaus ist diese Schneckenart in der Lage, Plankton aus dem Atemwasser herauszufiltern.

Vermehrung: Gemeine Schnauzenschnecken sind getrenntgeschlechtlich. Die 20 bis 60 Eier, die in gallertigen Strängen eingebettet sind, werden im Wasser in zwei Reihen an Pflanzen oder anderen Gegenständen abgelegt. In Abhängigkeit von der Wassertemperatur vergehen zwei bis drei Wochen bis die Jungschnecken schlüpfen.

Lebensweise: Diese Schneckenart, die oft als Zwischenwirt für verschiedene Leberegel fungiert, hat sich gegenüber leichten Wasserverunreinigungen als tolerant erwiesen. Deshalb ist sie in manchen Gewässern der einzige Weichtiervertreter.

Moosblasenschnecke

Aplexa hypnorum

1–1,5 cm | B–O | V–VIII | nein

Familie: Physidae, Blasenschnecken.

Verbreitung und Lebensraum: Diese Schneckenart besiedelt neben zahlreichen Gebieten Europas größere Teile der gemäßigten Klimaregionen Asiens und Nordamerikas. Man findet sie nicht nur häufig in Mooren und Sümpfen, sondern auch in kleineren stehenden Gewässern, die periodisch austrocknen. Da Moore und Sümpfe zu den typischen Lebensräumen dieser Schnecke gehören, fühlt sie sich in saurem Wasser wohl. Daher sollten diese Tiere nur in Gartenteichen gehalten werden, deren pH-Wert deutlich unter 7,0 liegt. Gelegentlich kriechen Moosblasenschnecken an Pflanzenstängeln über die Wasseroberfläche.

Nahrung: Neben Algen werden gelegentlich halb verrottete Pflanzenteile gefressen.

Vermehrung: Moosblasenschnecken sind Zwitter, die ihre Laichballen bevorzugt an Pflanzen oder Steinen ablegen. Jeder dieser Laichballen enthält 15 bis 40 Eier, aus denen nach zwei bis drei Wochen die Jungen schlüpfen.

Lebensweise: Moosblasenschnecken sind Lungenatmer. An Schleimfäden kriechen sie in regelmäßigen Abständen zur Wasseroberfläche, um Luft zu tanken. Dabei legen sie ein für Schnecken beachtliches Tempo an den Tag. Falls diese Tiere in irgendeiner Weise gestört werden, reagieren sie mit Schütteln ihres Gehäuses.

Posthornschnecke
Planorbarius corneus

2,5–3,5 cm | B–O | V–VIII | nein

Familie: Planorbidae, Tellerschnecken.

Verbreitung und Lebensraum: Posthornschnecken besiedeln ein sehr weitläufiges Gebiet, das sich von Mitteleuropa bis nach Sibirien und zum Kaukasus erstreckt. In Deutschland kommt die Posthornschnecke in den flacheren, nördlichen Regionen häufiger vor als in den bergigen südlichen Bereichen. Als Lebensräume werden stehende und langsam fließende Gewässer bevorzugt, die eine reichhaltige Unterwasservegetation besitzen.

Nahrung: Neben Grünalgen werden auch abgestorbene Pflanzen sowie Kadaver von kleinen Wassertieren gefressen. Eine ganz besondere Vorliebe haben Posthornschnecken für Fischlaich. Wenn nicht ausreichend Nahrung zur Verfügung steht, machen sich die Posthornschnecken auch über Unterwasserpflanzen her. Falls es sich dabei um Arten mit großen Blättern handelt, werden in diese oft unansehnliche Löcher gefressen.

Vermehrung: Posthornschnecken sind Zwitter. Sie legen ihre Eihaufen, die von flachen gallertigen Scheiben umgeben sind, an Wasserpflanzen oder Dekorationsgegenständen ab. Danach dauert es etwa 14 Tage bis die nicht einmal stecknadelkopfgroßen Jungtiere schlüpfen.

Lebensweise: Posthornschnecken sind nur während der wärmeren Jahreszeit aktiv. Dagegen werden die Wintermonate meist im weichen Bodensubstrat des betreffenden Gewässers verbracht.

Spitze Sumpfdeckelschnecke

Viviparus contectus

2,8–3,5 cm | B–O | V–VIII | nein

Familie: Viviparidae, Sumpfdeckelschnecken.
Verbreitung und Lebensraum: Die Sumpfdeckelschnecke ist in ganz Europa verbreitet, wobei hinsichtlich der Individuendichte oft erhebliche regionale Unterschiede zu verzeichnen sind. So findet man diese Art in Norddeutschland weitaus häufiger als in Süddeutschland. Es werden fast nur stehende wärmere Gewässer besiedelt, die einen schlammigen Untergrund sowie eine üppige Unterwasserflora besitzen.
Nahrung: Hauptsächlich werden Algen und halb verrottete organische Substanzen, die man als Detritus bezeichnet, aufgenommen. Außerdem ist diese Schneckenart in der Lage, Plankton aus dem Wasser herauszufiltern. Im Gartenteich lassen sich Sumpfdeckelschnecken gut mit Salatblättern füttern. In diesem Fall sollten die Futterreste jedoch täglich entfernt werden, da sie mit fortschreitender Zersetzung die Wasserqualität beeinträchtigen.
Vermehrung: Sumpfdeckelschnecken sind getrenntgeschlechtlich. Das Männchen besamt mit seinem als Geschlechtsorgan dienenden rechten Fühler das Weibchen, welches rund zwei Monate später lebende, bis zu 0,5 cm große Jungschnecken zur Welt bringt.
Lebensweise: Sumpfdeckelschnecken halten sich bevorzugt am Grund des Gewässers auf, weshalb ihre Gehäuse oft mit Detritus und Schleim überzogen sind.

Teichnapfschnecke
Acroloxus lacustris

0,5–0,7 cm | B–O | V–VIII | nein

Familie: Acroloxidae, Teichnapfschnecken.
Verbreitung und Lebensraum: Die Teichnapfschnecke ist in den gemäßigten Klimazonen der nördlichen Hemisphäre weit verbreitet. Hier besiedelt sie vor allem stehende und langsam fließende Gewässer, die weitgehend sauber sind. Aufgrund ihres durchscheinenden, sehr zart wirkenden Gehäuses sowie des bemerkenswert kleinen Körpers wird diese Schneckenart oft übersehen. Bis vor wenigen Jahren sah man noch die Wasserschnecke *Ferissia wautieri*, die in ihrem Erscheinungsbild der Teichnapfschnecke sehr ähnelt, nur als eine Varietät von *Acroloxus lacustris* an. Inzwischen wurde dieser Irrtum aber festgestellt und Ferissia wauteri erhielt daraufhin einen eigenständigen Artstatus.
Nahrung: Teichnapfschnecken ernähren sich hauptsächlich von kleinen Grünalgen sowie halb verrotteten Pflanzenteilen.
Vermehrung: Es werden jeweils zwei bis zehn Eier in abgeflachten rundlichen Kapseln abgelegt, aus denen nach zwei bis drei Wochen die Jungen schlüpfen.
Lebensweise: Teichnapfschnecken halten sich häufig auf Steinen sowie an Wasserpflanzen auf. Die Atmung erfolgt bei dieser Schnecke über einen zur Kieme umgebildeten Teil des Mantels. Bei diesem handelt es sich um den weitgehend im Gehäuse eingebetteten Eingeweidesack. Lediglich ein winziger Randteil des Eingeweidesacks ragt etwas unter dem Gehäuserand hervor.

Zwergschlammschnecke

Galba truncatula

0,5–0,8 cm | B–O | V–VIII | nein

Familie: Lymnaeidae, Schlammschnecken. Die Zwergschlammschnecke wird auch häufig als Leberegelschnecke bezeichnet, weil sie als Zwischenwirt für den Großen Leberegel, *Fasciola hepatica*, fungiert, der vorwiegend pflanzenfressende Säugetiere befällt und sich in deren Gallengängen aufhält.

Verbreitung und Lebensraum: Die Zwergschlammschnecke ist in den gemäßigten Klimazonen Europas, Asiens und Nordamerikas weit verbreitet, wo sie meist kleinere stehende und langsam fließende Gewässer besiedelt. Mitunter ist sie auch in großen Individuenzahlen in Pfützen anzutreffen, welche sich auf Weiden befinden.

Nahrung: Es wird hauptsächlich pflanzliches Material gefressen, das mehr oder weniger stark verrottet ist.

Vermehrung: Die ovalen bis annähernd kugelrunden Laichklumpen, die meist zwischen 4 und 24 Eier enthalten, werden häufig an Wasserlinsen geheftet. Bis zum Schlupf der Jungen vergehen in Abhängigkeit von der Wassertemperatur zwei bis drei Wochen.

Lebensweise: Zwergschlammschnecken sind obligatorisch an das Wasser gebunden. Daher begeben sie sich gelegentlich an feuchte Stellen, die sich in Ufernähe befinden. Falls ihr Gewässer vollständig austrocknet, graben sie sich in weiches Bodensubstrat ein und verfallen in eine Art Schlafzustand, in dem sie mehr als vier Monate überdauern können.

Erbsenmuscheln
Pisidium sp.

0,5–1,2 cm | B | V–VIII | nein

Familie: Sphaeriidae, Kugelmuscheln.

Verbreitung und Lebensraum: In Mitteleuropa sind etwa 15 verschiedene Erbsenmuscheln verbreitet, die aber nirgendwo häufig vorkommen. Mit einer Schalenlänge von etwas mehr als einem Zentimeter verkörpert die Große Erbsenmuschel, *Pisidium amnicum*, den Goliath unter diesen Winzlingen. Als Lebensräume werden saubere Fließgewässer sowie die ufernahen Bereiche von Seen, Teichen, Tümpeln und Weihern bevorzugt, die über ein möglichst feinsandiges Bodensubstrat verfügen. Die Pflege dieser kleinen Muscheln ist nur empfehlenswert, wenn sich im Gartenteich keine größeren Karpfenfische befinden, die dieses Weichtier als willkommene Bereicherung ihres Speisezettels betrachten würden.

Nahrung: Die Nahrung setzt sich aus Mikroorganismen zusammen, welche die Erbsenmuscheln aus dem Wasser und dem Bodenmulm herausfiltern.

Vermehrung: Erbsenmuscheln sind Brutpflege betreibende Zwitter. Mit dem Atemwasser gelangen die Spermien zu den Eizellen. Nach der Befruchtung werden die Eizellen und später auch die Larven in speziellen Brutsäcken, die sich auf den Kiemen befinden, solange versorgt, bis sie sich zu kompletten Jungmuscheln entwickelt haben.

Lebensweise: Exemplare, die sich in Kleinstgewässern angesiedelt haben, überleben es in den meisten Fällen sogar, wenn diese zeitweilig austrocknen.

Malermuschel

Unio pictorum

15 cm | B | V–VII | ja

Familie: Unionidae, Flussmuscheln. Ihren Populärnamen erhielt diese Muschel aufgrund der Tatsache, dass Maler in den vergangenen Jahrhunderten ihre Schalen oft zum Mischen von Farben benutzten.

Verbreitung und Lebensraum: Die in weiten Teilen Europas, den gemäßigten Klimaregionen Westasiens sowie im Kaukasusgebiet verbreitete Malermuschel besiedelt sowohl stehende als auch langsam fließende, saubere Gewässer.

Nahrung: Ähnlich wie die Teichmuschel ernährt sie sich von kleinsten Mikroorganismen. Allerdings handelt es sich dabei vor allem um Plankton, das frei im Wasser schwebt.

Vermehrung: Die Paarung der Malermuscheln erfolgt im Sommer. Die Weibchen entlassen ihre Larven (Glochidien) erst etwa vier Wochen nachdem sie aus den Eiern geschlüpft sind, ins freie Wasser. Ab diesem Zeitpunkt suchen die Larven nach einem Wirtsfisch, wie beispielsweise einer Plötze, einem Gründling oder einem Döbel, an dessen Kiemen sie mehrere Wochen lang parasitisch leben und dabei ihre Entwicklung vollenden können. Unter anderem bilden sie während dieser Zeit ihren Darmtrakt sowie dauerhafte Schalen aus.

Lebensweise: Weil die Malermuschel täglich relativ große Planktonmengen mit ihren Kiemen herausfiltert, trägt sie in kleinen Gewässern, wie Gartenteichen, oft erheblich zur Klärung des Wassers bei.

Große Teichmuschel

Anodonta cygnea

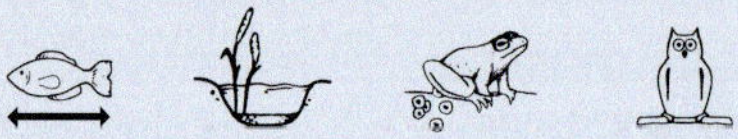

20 cm | B | IX–XI | ja

Familie: Unionidae, Flussmuscheln.

Verbreitung und Lebensraum: Das Verbreitungsgebiet der auch als Schwanenmuschel bezeichneten Großen Teichmuschel umfasst große Teile Europas und Sibiriens, wo sie sowohl stehende als auch langsam fließende Gewässer besiedelt.

Nahrung: Mit dem Atemwasser werden kleinste, vorwiegend aus dem Bodensubstrat stammende Mikroorganismen eingestrudelt. Diese verfangen sich an den Kiemenblättern, von wo sie zur Mundöffnung transportiert werden.

Vermehrung: Die Männchen geben ihre Samenzellen ins Wasser ab, die von den Weibchen über die Atemröhre aufgenommen werden. Sie gelangen in spezielle Bruträume, die aus umgestaltetem Kiemengewebe bestehen. Dort erfolgt die Befruchtung der Eier, die zuvor aus den Eierstöcken dorthin gewandert sind. Nach einiger Zeit schlüpfen aus den Eiern kleine, als Glochidien bezeichnete Larven, die in ihrer Mutter überwintern und erst im folgenden Frühjahr ins freie Wasser ausgestoßen werden. Hier sind die Glochidien bestrebt, sich an die Flossen eines geeigneten Wirtsfisches, wie Rotfeder, Flussbarsch oder Dreistachliger Stichling, zu heften. An ihm schmarotzen die Larven einige Zeit und beenden dabei ihre körperliche Entwicklung, um anschließend ihren Wirtsfisch für immer zu verlassen.

Lebensweise: Große Teichmuscheln mögen weiches sandiges bis schlammiges Bodensubstrat, das sie mit ihrem Scheinfuß durchpflügen können.

Wandermuschel
Dreissena polymorpha

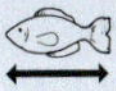
40 cm

haftend

VI–IX

nein

Familie: Dreissenidae, Wandermuscheln.
Verbreitung und Lebensraum: Ursprünglich war die Wandermuschel nur in der Donau sowie einigen anderen ins Schwarze Meer mündenden Flüssen verbreitet. Durch die Schifffahrt (festgehaftet an den Schiffsrümpfen) sowie im Gefieder von Wasservögeln gelangte diese Muschel in den vergangenen 150 Jahre auch in andere Gegenden Mittel- und Westeuropas. Gegenwärtig kommt die Wandermuscheln nicht nur in Fließgewässern, sondern auch in zahlreichen Talsperren, großen Seen sowie gelegentlich im Brackwasser vor.
Nahrung: Die Muschel frisst nur feinstes Plankton und im Bodensubstrat enthaltene Nahrungspartikel. Da dieses Futter in kleineren und mittelgroßen Teichen oft nicht über längere Zeiträume in ausreichenden Mengen zur Verfügung steht, erweist sich die Pflege dieser Muschelart in vielen Fällen als schwierig.
Vermehrung: Wandermuscheln sind getrenntgeschlechtlich. Die Partner geben ihre Eier und Spermien ins Wasser ab, wo die Befruchtung erfolgt. Die sich aus den befruchteten Eiern entwickelnden bewimperten Segellarven schweben sieben bis zehn Tage frei im Wasser, bevor sie sich an einem Gegenstand festsetzen.
Lebensweise: Im Unterschied zu jüngeren Exemplaren, die sich gelegentlich wieder von dem Gegenstand lösen, um frei im Wasser herumzukriechen, sind ältere Wandermuscheln dazu nicht mehr in der Lage.

Insekten

Furchenschwimmer
Acilius sulcatus

1,3–1,8 cm | B–O | VI–VII | nein

Familie: Dytiscidae, Schwimmkäfer.

Verbreitung und Lebensraum: Das natürliche Verbreitungsgebiet des Furchenschwimmers erstreckt sich über große Teile Mitteleuropas, wo er vor allem in stehenden, wärmeren Gewässern, die ein weiches Bodensubstrat besitzen, oft in enormen Individuenzahlen anzutreffen ist. Manchmal findet man ihn sogar in größeren Pfützen.

Nahrung: Weder die Larven noch die erwachsenen Tiere stellen Fischen nach. Stattdessen fressen sie Kleinstlebewesen, wie Wasserflöhe und Mückenlarven.

Vermehrung: Zur Eiablage verlassen die Weibchen das Gewässer und suchen Moospolster oder kleine Spalten zwischen feuchten Steinen auf. Mit ihrer langen Legeröhre deponieren sie darin ihre zu winzigen Haufen zusammengeballten Eier, deren Anzahl sich zwischen 350 und 500 bewegt. Daraus schlüpfen nach zwei bis drei Wochen die aquatisch lebenden Larven. Sie werden gelegentlich mit den Larven des Gelbrandkäfers verwechselt. Diese besitzen aber einen größeren Kopf und sind wesentlich schlechtere Schwimmer. Die Verpuppung erfolgt an Land, wo sich die Larve zuvor einen Kokon aus Erdreich baut, in dem sie den folgenden Monat verbringt.

Lebensweise: Furchenschwimmer bewegen sich elegant und schnell, wenn sie durch das Gewässer flitzen. Die Überwinterung erfolgt im Gewässer.

Gaukler

Cybister lateralimarginalis

3–4 cm | B–O | VI–VII | nein

Familie: Dytiscidae, Schwimmkäfer

Verbreitung und Lebensraum: Mit Ausnahme von Skandinavien und Teilen der britischen Inseln kommt der Gaukler in ganz Europa vor, wenngleich er in den letzten Jahrzehnten sehr selten geworden ist. Er bewohnt fast ausschließlich stehende Gewässer mit üppiger Vegetation und einer überdurchschnittlich guten Wasserqualität. In seiner Gesamterscheinung ähnelt der Gaukler dem Gelbrandkäfer. Dieser besitzt jedoch einen nicht ganz so stark abgeflachten Körper. Außerdem werden die Flügeldecken des Gauklers nicht vollständig von einem gelben Streifen umschlossen.

Nahrung: Neben Wasserinsekten und deren Larven werden Kaulquappen und gelegentlich Wasserschnecken gefressen.

Vermehrung: Nach der Paarung werden die Eier an Wasserpflanzen abgelegt. Die Larven führen eine räuberische Lebensweise, wobei kleinere Exemplare oft von größeren gefressen werden. Im Unterschied zu den Vollinsekten ist die Gauklerlarve kein guter Schwimmer. Wenn sie an der Wasseroberfläche Luft holt, stützt sie sich mit den Beinen an Wasserpflanzen ab. Die Verpuppung erfolgt nicht im Wasser, sondern an einer feuchten Stelle am Ufer.

Lebensweise: Sobald die Gaukler das Vollinsektenstadium erreicht haben, können sie ganzjährig im Wasser bleiben. Sie greifen dann keine Artgenossen mehr an. Gaukler werden fünf bis sechs Jahren alt.

Gelbrandkäfer

Dytiscus marginalis

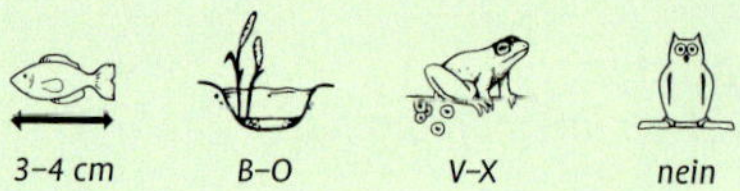

Familie: Dytiscidae, Schwimmkäfer.

Verbreitung und Lebensraum: Gelbrandkäfer sind sowohl in ganz Europa, den gemäßigten Klimaregionen Asiens als auch in Nordamerika verbreitet, wo sie bevorzugt stehende sowie langsam fließende Gewässer besiedeln, die stellenweise eine üppige Unterwasservegetation aufweisen. Der Populärname dieses Käfers leitet sich von dem gelben Rand ab, der die schwarzbraunen Flügeldecken umsäumt, welche bei günstigem Lichteinfall grünlich schimmern.

Nahrung: Erwachsene Gelbrandkäfer ernähren sich hauptsächlich von Aas, Wasserinsektenlarven und Kaulquappen, während ihre Larven auch kleineren Fischarten, bis zur Größe eines Stichlings, nachstellen. Außerdem neigen die Larven zum Kannibalismus.

Vermehrung: Nachdem sie sich bereits ein halbes Jahr zuvor gepaart haben, schlitzen die Weibchen mit ihrem Legebohrer Blätter auf, um jeweils ein Ei darin zu deponieren. Die sich daraus entwickelnden Larven führen genau wie die voll entwickelten Käfer eine aquatische Lebensweise. Sie können eine Länge von mehr als 6 cm erreichen und sind mit einem sehr breiten Kopf ausgestattet. An diesem befinden sich zwei dolchförmige Mundwerkzeuge, die zum Aussaugen der Beutetiere dienen.

Lebensweise: Im Unterschied zum Vollinsekt ist die Larve kein guter Schwimmer, sondern hält sich meist als Lauerjäger zwischen Wasserpflanzen auf.

Großer Kolbenwasserkäfer

Hydrous piceus

3,5–5 cm | B–O | IV–V | ja

Familie: Hydrophilidae, Wasserkäfer.

Verbreitung und Lebensraum: Der Große Kolbenwasserkäfer ist in vielen Teilen der gemäßigten Klimaregionen der nördlichen Hemisphäre verbreitet. Er bewohnt bevorzugt stehende, saubere Gewässer, in denen dichte Wasserpflanzenbestände vorhanden sind.

Nahrung: Die vollentwickelten Käfer ernähren sich ausschließlich von abgestorbenen Pflanzenteilen, nährstoffreichem Bodenmulm und Grünalgen. Im Gegensatz dazu führen die Larven der Käfer eine räuberische Lebensweise, wobei sie vor allem Wasserschnecken als Beute nutzen. Junge Larven heben dabei die Schnecke über die Wasseroberfläche, größere kriechen mit dem Kopf in die Gehäuse, um ein Auslaufen des Nahrungsbreis zu verhindern.

Vermehrung: Die Paarung erfolgt meist im Flachwasserbereich. Vor dem Ablegen der Eier spinnt das Weibchen aus Drüsensekret einen Kokon. Dieser ist mit einem mastartigen Atemrohr ausgestattet, das zur Sauerstoffversorgung des Geleges dient. Der Kokon dient den 50 bis 70 Eiern als Brutkammer und den frisch geschlüpften Larven als erste Nahrung. In den folgenden Monaten wachsen die Larven sehr zügig. Sobald es Herbst wird, begeben sie sich zur Verpuppung an Land.

Lebensweise: Die vollentwickelten Käfer überwintern im Wasser, wo sie sich während dieser Zeit häufig unter Steinen oder Wurzelholzstücken verstecken.

Seerosenblattkäfer

Galerucella nymphaeae

0,8–1 cm | auf Schwimmblättern | V–VII | nein

Familie: Chrysomelidae, Blattkäfer.

Verbreitung und Lebensraum: Der Seerosenblattkäfer ist über die gesamte nördliche Hemisphäre verbreitet. Hier ist er vor allem auf See- und Teichrosenbeständen anzutreffen, die sich in stehenden und langsam fließenden Gewässern befinden.

Nahrung: Sowohl die Vollinsekten als auch die Larven ernähren sich von See- und Teichrosenblättern. Dabei haben sich vor allem die Larven als gefräßig erwiesen. Bei einem Massenauftreten verunstalten sie die Blätter durch Loch-, Minier- und Schabefraß oft so stark, dass diese anschließend absterben. Natürlich wird kein Gartenteichfreund an See- und Teichrosen interessiert sein, deren Blätter löchriger sind als ein Schweizer Käse. Aus diesem Grund sollte man die Blätter dieser Pflanzen regelmäßig genau inspizieren und Larven sowie Käfer, die sich darauf befinden, sofort entfernen.

Vermehrung: Seerosenblattkäfer sind sehr vermehrungsfreudig und können bei einem entsprechenden Nahrungsangebot pro Jahr bis zu drei Generationen hervorbringen. Nach der Kopulation legen die Weibchen ihre Eier in nur millimetergroßen Häufchen auf den Blättern von See- und Teichrosen ab, aus denen meist schon nach drei bis fünf Tagen die Larven schlüpfen.

Lebensweise: Oft findet man auf einem einzigen Blatt sämtliche Entwicklungsstadien – Eier, Larven, Puppen und Vollinsekten – einträchtig nebeneinander.

Becher-Azurjungfer
Enallagma cyathigerum

3,5–4 cm | U | V–IX | ja

Familie: Coenagrionidae, Azurjungfern.
Verbreitung und Lebensraum: Die auch oft als Gemeine Azurjungfer bezeichnete Becher-Azurjungfer ist in Mitteleuropa eine sehr häufig anzutreffende Kleinlibelle. Ihren Populärnamen erhielt sie aufgrund einer becherähnlichen Zeichnung, die sich auf dem zweiten Körpersegment befindet. Becher-Azurjungfern halten sich bevorzugt an stehenden Gewässern auf, die über große freie Wasserflächen verfügen.
Nahrung: Es werden hauptsächlich kleinere Insekten gefressen.
Vermehrung: Während der Paarung und der anschließenden Eiablage befindet sich das kurzlebige Männchen, dessen durchschnittliche Lebensdauer nur zwei bis drei Wochen beträgt, meist über dem Weibchen und bildet dabei mit diesem ein sogenanntes Paarungsrad. Die Eier werden an Wasserpflanzen abgelegt, wobei die Partner mit ihren Körpern oft tief ins Wasser eintauchen. Die daraus schlüpfenden Larven, die sich vorwiegend am Grund des Gewässers oder zwischen Unterwasserpflanzen aufhalten, führen eine räuberische Lebensweise. In Abhängigkeit von der Wassertemperatur benötigen die Larven für ihre Entwicklung neun Monate bis fast zwei Jahre.
Lebensweise: Junge Becher-Azurjungfern sind standorttreu. Der größte Teil von ihnen hält sich auch später in der Nähe des Geburtsgewässers auf.

Blaugrüne Mosaikjungfer

Aeshna cyanea

6–7 cm | U | V–VIII | ja

Familie: Aeshnidae, Edellibellen. Mitunter wird diese Libellen-Familie auch als Mosaikjungfern bezeichnet.

Verbreitung und Lebensraum: Die Blaugrüne Mosaikjungfer ist die am häufigsten vorkommende Edellibelle in Mitteleuropa. Diese Art fühlt sich an sauberen stehenden sowie kleineren fließenden Gewässern besonders wohl, von denen sie sich aber zeitweise weit entfernt. Eine besondere Vorliebe hat die Blaugrüne Mosaikjungfer für beschattete Waldteiche. Dagegen trifft man sie in Mooren nur selten an.

Nahrung: Die Nahrung besteht aus Insekten. Dabei werden auch kleinere Libellenarten nicht verschmäht.

Vermehrung: Männliche Exemplare, die sich anhand ihrer braunen Brust leicht von den Weibchen unterscheiden lassen, führen zahlreiche Patroullienflüge am Gewässerufer durch. Das Ziel dieser Flüge besteht darin, ein paarungswilliges Weibchen zu finden. Die Paarung erfolgt im Flug. Die Eier werden an morsches Holz, verrottetes Pflanzenmaterial oder auf Algenmatten abgelegt. Manchmal überwintern die Eier sogar, so dass erst im kommenden Jahr daraus Larven schlüpfen.

Lebensweise: Blaugrüne Mosaikjungfern zeigen kaum Scheu vor dem Menschen und nähern sich diesem oft bis auf 1 m. Vorausgesetzt, dass man in derartigen Situationen nicht nach ihnen schlägt oder die Tiere in sonstiger Weise attackiert, verhalten sie sich absolut friedlich.

Braune Mosaikjungfer

Aeshna grandis

6–7 cm | U | VI–VIII | ja

Familie: Aeshnidae, Edellibellen.

Verbreitung und Lebensraum: Die Braune Mosaikjungfer ist in ganz Europa verbreitet, wobei sie im Osten und Norden häufiger vorkommt als in den westlichen und südlichen Gefilden. Als Lebensräume bevorzugt sie größere stehende sowie langsam fließende Gewässer, die reichlich beschattet sind.

Nahrung: Ganz nach Edellibellenmanier wird die aus Insekten bestehende Nahrung im Flug gejagt. Dabei werden auch kleinere Libellenarten nicht verschmäht.

Vermehrung: Das Paarungsspiel beginnt fast immer im Flug. Anschließend begibt sich das Weibchen alleine zum Gewässer, wo es die Eier in schwimmenden Holzstücken oder Pflanzen deponiert. Die Eier überwintern. Die im Frühjahr schlüpfenden Larven benötigen bis zum Abschluss ihrer Entwicklung zwei bis vier Jahre.

Lebensweise: Auf Zweigen oder an Baumstämmen sitzend, nehmen Braune Mosaikjungfern in den Nachmittagsstunden gerne ausgiebige Sonnenbäder. Im Gegensatz zu fast allen anderen Libellenarten stellen sie selbst bei Nieselregen sowie bei niedrigen Temperaturen (bis 7 °C) ihre Flugaktivitäten nicht ein. Im Unterschied zu den weiblichen Exemplaren, sind die Männchen scheuer und ängstlicher, was sich in einer größeren Flugdistanz äußert. Zum Übernachten entfernen sich die Braunen Mosaikjungfern oft weit von ihrem Gewässer.

Fledermaus-Azurjungfer
Coenagrion pulchellum

3–4 cm	U	V–VIII	ja

Familie: Coenagrionidae, Azurjungfern.

Verbreitung und Lebensraum: Die Fledermaus-Azurjungfer ist in Europa weit verbreitet, wenngleich sie nirgendwo häufig vorkommt. Als Lebensraum bevorzugt sie die Uferregionen von größeren, stehenden, sauberen Gewässern, die von einem Schilf- oder Binsengürtel umsäumt werden. Außerdem müssen sich auf der Wasseroberfläche großblättrige Schwimmpflanzen, wie Froschbiss, Seekanne, Seerosen oder Teichrosen, befinden. Ihren Populärnamen verdankt diese Libelle kleinen schwarzen Zeichnungen, die auf dem zweiten und dritten Körpersegment vorhanden sind und mit etwas Fantasie an eine fliegende Fledermaus erinnern. Im Unterschied zu den viel kräftiger gebauten Weibchen, die blassblau bis grünlich sind, zeigen die Männchen eine intensivere Blaufärbung.

Nahrung: Es werden vorwiegend kleinere Insekten gejagt.

Vermehrung: Nach der Paarung heftet das Weibchen seine Eier häufig durch Fraßlöcher an den Blattunterseiten der Schwimmpflanzen an. Die daraus schlüpfenden Larven, die so gut wie nicht von denen der Hufeisen-Azurjungfer zu unterscheiden sind, benötigen bis zum Abschluss ihrer Metamorphose etwa ein Jahr.

Lebensweise: Auf der Ufervegetation sitzend nehmen Fledermaus-Azurjungfern in den Morgenstunden gerne ausgiebige Sonnenbäder.

Frühe Adonislibelle

Pyrrhosoma nymphula

3–4 cm | U | IV–VIII | ja

Familie: Coenagrionidae, Azurjungfern.

Verbreitung und Lebensraum: Die mit ihrer roten Körperfärbung sehr attraktive Frühe Adonislibelle ist mit Ausnahme der nördlichen Gebiete in fast ganz Europa verbreitet. Hier hält sie sich an stehenden und langsam fließenden Gewässern auf, die über eine üppige Vegetation verfügen. Im Unterschied zu dieser Art besitzt die sehr ähnlich aussehende Späte Adonislibelle, *Ceriagrion tenellum*, hellrote Beine und keine schwarzen Zeichnungen am Hinterleib.

Besonders häufig findet man die Frühe Adonislibelle an stillen Waldgewässern und sie hält sich auch gerne in der Nähe von Mooren auf.

Nahrung: Es werden fast ausschließlich kleinere Insekten gefressen.

Vermehrung: Die Paarung erfolgt meist in den frühen Morgenstunden. Im Unterschied zu vielen Libellenarten, bei denen alle Individuen bei der Eiablage weitgehend die gleiche Haltung einnehmen, erweisen sich die Frühen Adonislibellen diesbezüglich als sehr variabel. Aus den mehr als 500 Eiern, die ein Weibchen ablegt, schlüpfen nach etwa drei Wochen die Larven, die bis zum Abschluss ihrer Metamorphose oft zwei Jahre benötigen.

Lebensweise: Am Tag halten Frühe Adonislibellen ihre Flügel meist vom Körper abgespreizt, während sie nachts immer angelegt werden. Im Gegensatz zu den meisten anderen Azurjungfern, lebt diese Libellenart eher als Einzelgänger.

Gebänderte Heidelibelle

Sympetrum pedemontanum

3,5 cm | U | VII–IX | ja

Familie: Libellulidae, Segellibellen.

Verbreitung und Lebensraum: Die Gebänderte Heidelibelle besiedelt ein Gebiet, welches sich von Italien über große Teile Mitteleuropas bis nach Westsibirien erstreckt. Als Lebensräume bevorzugt sie saubere, sauerstoffreiche, kleinere Fließgewässer sowie Sümpfe und Moore in sonnigen, windgeschützten Lagen, die flach auslaufende Ufer und eine relativ dichte Randvegetation aufweisen. An neu entstandenen Gewässern findet sich die Gebänderte Heidelibelle oft als Pionierart ein. Im Unterschied zu den mehr bräunlichen Weibchen, zeigen die Männchen eine rötliche Körperfärbung.

Nahrung: Gebänderte Heidelibellen sind Ansitzjäger. Auf niedrigen Pflanzen, Steinen oder Totholzstücken sitzend, warten sie auf vorbeifliegende kleinere Insekten, denen sie nachstellen.

Vermehrung: Das Paarungsritual wird von einem Tandemflug eingeleitet. Anschließend legen diese Libellen ihre Eier direkt über dem Wasser ab. Die Eier sind mit einer gallertigten Hülle umgeben und so für die immer stattfindende Überwinterung bestens ausgerüstet. Wenn das Gewässer plötzlich trockenfällt, können die Eier sogar mehrere Jahre unbeschadet überdauern. Im Normalfall schlüpfen aber im Frühjahr die Larven, welche für ihre Entwicklung bis zum Vollinsekt oft nur ein bis zwei Monate benötigen.

Lebensweise: Bei der Gebänderten Heidelibelle handelt es ich um eine friedliche Art, die kaum Revierkämpfe bestreitet.

Gebänderte Prachtlibelle

Calopteryx splendens

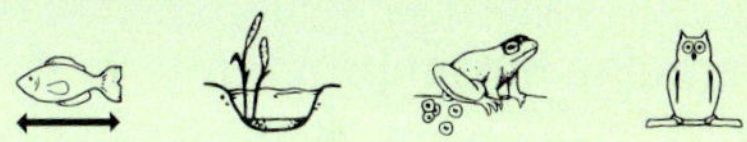

4,5–5 cm | U | V–VIII | ja

Familie: Calopterygidae, Prachtlibellen.

Verbreitung und Lebensraum: Die Gebänderte Prachtlibelle ist in ganz Europa verbreitet, wo sie zugleich die größte Kleinlibelle repräsentiert. Im Tiefland kommt sie häufiger vor als in Gebirgsgegenden. Gebänderte Prachtlibellen bevorzugen als Lebensräume die Uferregionen von langsam fließenden Gewässern, die nur schwach beschattet sind.

Nahrung: Die Nahrung besteht vorwiegend aus Insekten.

Vermehrung: Die Männchen besetzen an den Uferregionen Reviere, in denen sie keine Nebenbuhler dulden. Taucht ein Weibchen im Revier auf, startet das Männchen zu einem kurzen Balzflug. Am Ende dieses Fluges wird das Weibchen in die Nähe der Stelle gelockt, die das Männchen für die Eiablage ausgewählt hat. Zur oft in den Mittagsstunden stattfindenden Paarung, lassen sich die Gebänderten Prachtlibellen gewöhnlich auf der Ufervegetation nieder. Anschließend fliegt das Weibchen zu der vom Männchen ausgewählten Laichstelle und schlitzt mit seinem Legebohrer an der Oberfläche treibende Wasserpflanzenteile auf, um darin die Eier abzulegen. Während dieser Zeit hält das Männchen Wache, um andere auftauchende Männchen sofort zu attackieren. Die vorwiegend dämmerungs- und nachtaktiven Larven durchlaufen eine zweijährige Metamorphose.

Lebensweise: Um Rivalen abzuschrecken und Weibchen anzulocken, vollführen die Männchen zahlreiche Imponierflüge.

Gemeine Binsenjungfer

Lestes sponsa

3,5–4 cm | U | VII–IX | ja

Familie: Lestidae, Teichjungfern.

Verbreitung und Lebensraum: Das Verbreitungsgebiet der relativ häufig vorkommenden Gemeinen Binsenjungfer erstreckt sich von Nord- und Mitteleuropa bis nach Nordasien. Am liebsten hält sich diese Libellenart in der Nähe von flachen, stehenden Gewässern sowie Mooren und Sümpfen auf, deren Randbereiche zumindest locker mit Schilf, Rohrkolben oder Binsen bewachsen sind. Außerdem trifft man Gemeine Binsenjungfern auch häufig am Brackwasser an.

Nahrung: Es werden hauptsächlich kleinere Insekten gejagt.

Vermehrung: Während sie in der Nähe des Wassers umher fliegen, halten die Männchen fast ständig Ausschau nach einem kopulationsbereiten Weibchen. Sobald sie ein solches wahrnehmen, ergreifen sie es und fliegen einen Gegenstand, wie etwa einen Binsenhalm an, um sich darauf zu paaren. Während der Kopulation verbiegen die Gemeinen Binsenjungfern ihre Körper derartig stark, dass ein sogenanntes Paarungsrad entsteht, das für viele Libellenarten typisch ist. Das Männchen hält das Weibchen auch noch umklammert, wenn dieses die Eier in Pflanzen ablegt. Aus den Eiern, die stets überwintern, schlüpfen im Frühjahr die Larven, die für ihre Entwicklung bis zum Vollinsekt nur zwei bis drei Monate benötigen.

Lebensweise: Oft sehr gesellig lebende Art. Manchmal finden sich über hundert Exemplare auf engstem Raum zusammen.

Gemeine Heidelibelle
Sympetrum vulgatum

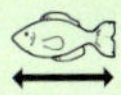
4–4,5 cm

U

VII–X

ja

Familie: Libellulidae, Segellibellen.

Verbreitung und Lebensraum: Die häufig vorkommende Gemeine Heidelibelle besiedelt ein Territorium, das sich von Mittel- und großen Teilen Nordeuropas bis nach Westsibirien erstreckt. Als Lebensräume bevorzugt sie vegetationsreiche, stehende Gewässer sowie Moore und Sümpfe. Aufgrund ihrer großen Anspruchslosigkeit, die durch eine hohe Anpassungsfähigkeit komplettiert wird, akzeptiert diese Art selbst Wasserqualitäten, die anderen Libellenvertretern schon nicht mehr zusagen.

Nahrung: Ganz nach Libellenart besteht auch bei der Gemeinen Heidelibelle die Beute hauptsächlich aus Insekten.

Vermehrung: Die Paarung erfolgt im Sitzen. Anschließend hält das Männchen das Weibchen weiter im Zangengriff fest und beide Partner fliegen als Tandem zur Eiablage. Dabei wirft das Weibchen, indem es mit seinem Hinterleib hin und her pendelt, die Eier entweder ans Ufer oder ins flache Wasser. Zumeist überwintern die Eier, so dass die Larven erst im folgenden Frühjahr schlüpfen. Falls der Schlupf an Land erfolgt, begeben sich die Larven danach sofort ins Wasser, wo sie auch während ihrer etwa drei Monate dauernden Entwicklung bleiben. Sie halten sich häufig zwischen Wasserpflanzen auf oder graben sich zeitweilig ins Bodensubstrat ein.

Lebensweise: Die Männchen besetzten kleine Reviere, in denen sie immer wieder Inspektionsflüge durchführen.

Gemeine Smaragdlibelle
Cordulia aenea

5–5,5 cm | U | IV–VIII | ja

Familie: Corduliidae, Falkenlibellen. Die Gemeine Smaragdlibelle wird auch häufig als Falkenlibelle bezeichnet.

Verbreitung und Lebensraum: Diese Art ist nicht nur in fast ganz Europa, sondern auch in großen Teilen Asiens weit verbreitet. Allerdings trifft man sie in Gebirgsgegenden seltener an als im Flachland. Gemeine Smaragdlibellen bevorzugen als Lebensräume stehende, pflanzenreiche, saubere Gewässer.

Nahrung: Es werden überwiegend kleinere Insekten erbeutet.

Vermehrung: Auf der Suche nach kopulationsbereiten Weibchen starten die Männchen gewöhnlich schon sehr früh am Morgen ihre Patrouillenflüge am Gewässerufer. Haben sie ein Weibchen erspäht, beginnt das Paarungsritual bereits während des Fluges und endet fast immer auf den Wipfeln hoher Bäume. Sind solche nicht in der Nähe, begnügen sich die Gemeinen Smaragdlibellen auch mit hohen Sträuchern. Anschließend begibt sich das Weibchen zu einer verborgen liegenden Stelle, wie einer kleinen Bucht, um die Eier dort im Flug abzulegen, wobei es mit dem Hinterleib immer wieder kurz die Wasseroberfläche berührt. Die Eipakete sinken zu Boden und quellen in den folgenden zwei bis drei Wochen beachtlich auf. Die geschlüpften Larven benötigen für ihre weitere Entwicklung zwei bis drei Jahre.

Lebensweise: Gemeine Smaragdlibellen sind Einzelgänger, die sich oft weit vom Wasser entfernen.

Große Königslibelle
Anax imperator

7–8,5 cm | U | VI–VIII | ja

Familie: Aeshnidae, Edellibellen.
Verbreitung und Lebensraum: Die Große Königslibelle besiedelt weite Teile Europas, wobei ihr nördlichstes Verbreitungsgebiet sich in etwa bis zur Ost- beziehungsweise Nordsee erstreckt. Die Flugzeit dieser Libellenart dauert von Anfang Juni bis Mitte September. Sie hat eine ausgesprochene Vorliebe für stehende, intensiv besonnte Gewässer, die über eine üppige Vegetation verfügen und nicht in periodischen Abständen austrocknen.
Nahrung: Die Nahrung, die vornehmlich aus Insekten, darunter auch anderen Libellenarten, besteht, wird in der Luft erbeutet und gefressen.
Vermehrung: In der Nähe des Laichgewässers werden keine anderen Libellenarten geduldet. Die Paarung erfolgt im Flug. Anschließend begibt sich das Weibchen zum Wasser, um die Eier in schwimmende Pflanzenteile abzulegen. Aus ihnen schlüpfen nach einigen Wochen die Larven, die eine aquatische Lebensweise führen. Sie ernähren sich ebenfalls von tierischer Beute und erreichen das Vollinsektenstadium nach etwa einem Jahr.
Lebensweise: Unter allen Libellenarten gehört die Große Königslibelle zu den besten Fliegern. Vor allem die Männchen verbringen einen Großteil ihres Lebens im Flug. In ihrem Revier führen sie häufig Patrouillenflüge durch und bestreiten mit eingedrungenen Rivalen oft erbitterte Kämpfe.

Große Pechlibelle
Ischnura elegans

3–4 cm | U | V–VIII | ja

Familie: Coenagrionidae, Azurjungfern.

Verbreitung und Lebensraum: Die Große Pechlibelle besiedelt nicht nur ganz Europa, sondern auch große Teile Nordasien und Japans und kommt, mit Ausnahme von Extremen, wie etwa Wasserfällen, an nahezu allen Gewässertypen vor, die sauberes klares Wasser enthalten. Allerdings ist eine gewisse Vorliebe der Großen Pechlibelle, die zu den häufigsten Libellenarten Mitteleuropas gehört, für große freie Wasserflächen unverkennbar.

Nahrung: Die Nahrung besteht aus den unterschiedlichsten Kleininsekten.

Vermehrung: Innerhalb der Kleinlibellen zeichnet sich die Große Pechlibelle durch eine Besonderheit aus, die darin besteht, dass sich die Weibchen zur Eiablage alleine zum Wasser begeben. Das Ablegen der Eier findet oft in den Nachmittagsstunden oder sogar erst während der Dämmerung statt und erfolgt an Pflanzen, die sich unter der Wasseroberfläche befinden. Zu diesem Zeitpunkt sind die Chancen für die Weibchen am besten, nicht von Männchen belästigt zu werden, die fast unermüdlich auf der Partnersuche sind. Die Entwicklungszeit der Larven variiert zwischen wenigen Monaten und einem Jahr.

Lebensweise: Eine weitere Besonderheit der Großen Pechlibelle besteht darin, dass die Tiere auch bei relativ schlechtem Wetter ihre Flugaktivitäten nicht vollständig einstellen. Außerdem handelt es sich um eine gesellig lebende, kaum aggressive Art.

Großer Blaupfeil

Orthetrum cancellatum

4,5–5 cm | U | VI–VIII | ja

Familie: Libellulidae, Segellibellen.

Verbreitung und Lebensraum: Das natürliche Verbreitungsgebiet des relativ häufig vorkommenden Großen Blaupfeils erstreckt sich über ganz Europa. Bevorzugt hält sich diese Libellenart in der Nähe größerer stehender Gewässer auf, die von einer lichten Ufervegetation umgeben sind. Männliche Exemplare lassen sich leicht mit Plattbauchmännchen verwechseln, deren himmelblauer Hinterleib aber nicht so rundlich, sondern mehr abgeflacht ist. Der Hinterleib weiblicher Großer Blaupfeile ist gelblich braun bis bräunlich schwarz gefärbt.

Nahrung: Große Blaupfeile fressen Insekten. Dabei betätigen sich diese Libellen als Ansitzjäger, indem sie zumeist auf in Bodennähe befindlichen Gegenständen auf vorbei fliegende Beute warten. Diese wird im Flug überwältigt und anschließend gefressen.

Vermehrung: Die Männchen des Großen Blaupfeils besetzen in Gewässernähe Reviere und warten darauf, dass ein Weibchen in dieses Territorim fliegt. Dieses wird vom Männchen ergriffen und es erfolgt ein fast immer kurzer Hochzeitsflug. Dabei werden bereits befruchtete Eier ausgestoßen. Die eigentliche Paarung findet im Sitzen statt. Während das Weibchen seine Eier an Pflanzen ablegt, die sich direkt unter der Wasseroberfläche befinden, hält das Männchen Wache. Die Larven benötigen für ihre Entwicklung bis zum Vollinsekt zwei, in Ausnahmefällen auch drei Jahre.

Lebensweise: Es handelt sich um eine scheue, schnell flüchtende Libellenart.

Hufeisen-Azurjungfer
Coenagrion puella

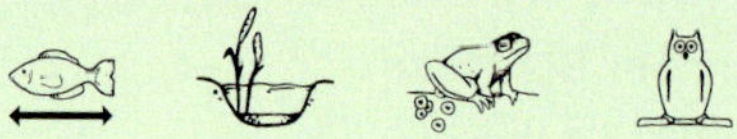

Familie: Coenagrionidae, Azurjungfern.

Verbreitung und Lebensraum: Innerhalb der Coenagrionidae, die mitunter auch als Schlanklibellen bezeichnet werden, ist die Hufeisen-Azurjungfer in Europa die am häufigsten vorkommende Art. Sie hat eine große Vorliebe für stehende, pflanzenreiche Gewässer. Dagegen trifft man sie an Bächen nur sehr selten an und Moore werden gänzlich gemieden. Ihren Populärnamen erhielt diese Libelle aufgrund einer hufeisenähnlichen schwarzen Zeichnung, die sich auf dem zweiten Hinterleibssegment befindet.

Nahrung: Adulte Hufeisen-Azurjungfern ernähren sich von Kleininsekten.

Vermehrung: Die Paarung dauert ungefähr eine Viertelstunde. Zur abschließenden Eiablage bleiben die Paare ebenfalls vereint, wobei sich die Männchen, fast senkrecht stehend, auf der Brust des Weibchens festhalten. Diese Haltung wird bei kopulierenden Libellen als Leuchtturmposition bezeichnet. Hufeisen-Azurjungfern heften ihre Eier an oberflächennahe Unterwasserpflanzen. Bei günstigen Umweltbedingungen können sich die nach zwei bis vier Wochen schlüpfenden Larven in den nächsten drei Monaten zu Vollinsekten entwickeln. Falls die Wassertemperatur sehr niedrig ist, dauert der Entwicklungszyklus oft bis zu zwei Jahren.

Lebensweise: Um Paarungen mit sehr nah verwandten Arten zu vermeiden, haben die Männchen artspezifische Klammerorgane ausgebildet.

Plattbauch

Libellula depressa

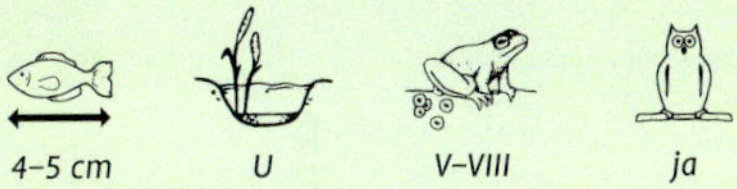

Familie: Libellulidae, Segellibellen.

Verbreitung und Lebensraum: Der Plattbauch ist in Mittel- und Nordeuropa weit verbreitet, wo er sich bevorzugt in der Nähe kleinerer stehender und langsam fließender Gewässer aufhält. Diese Libelle erhielt ihren charakteristischen Namen aufgrund des abgeflachten Hinterleibs, welcher bei den Weibchen gelblich braun und bei den Männchen kräftig himmelblau ist. Im Unterschied zum sehr ähnlich aussehenden Vierfleck, der an jedem seiner vorderen Flügelränder zwei dunkle Flecken besitzt, weist der Plattbauch nur einen auf, der außerdem wesentlich kleinflächiger ist.

Nahrung: Es werden vor allem kleinere Insekten gefressen.

Vermehrung: Plattbäuche sind Einzelgänger, bei denen die Männchen Reviere besetzen. Sobald eins der weit umherstreifenden Weibchen in ein solches Revier fliegt, wird es von dem jeweiligen Männchen sofort im Flug besamt. Zur Eiablage begibt sich das Weibchen oft auf Algenpolster, die sich direkt unter der Wasseroberfläche befinden oder heftet das Gelege an andere Unterwasserpflanzen. Während der Eiablage kreist das Männchen über seiner Partnerin. Unter optimalen Bedingungen dauert die Entwicklung der alsbald schlüpfenden Larven nur drei bis vier Monate, sonst bis zu zwei Jahre.

Lebensweise: Bei länger andauernden Austrocknungen des Gewässers, gräbt sich die Larve ins Bodensubstrat ein und verfällt in einen Trockenschlaf.

Vierfleck

Libellula quadrimaculata

Familie: Libellulidae, Segellibellen.

Verbreitung und Lebensraum: Beim Vierfleck handelt es sich um eine häufig vorkommende Art, die über die gesamte Nordhalbkugel verbreitet ist. Sie hält sich gerne in der Nähe von sauberen Kleingewässern auf, deren Ufer weitgehend von offenen Flächen umgeben sind. Diese Libelle erhielt ihren Populärnamen aufgrund der vier schwärzlichen Flecken, die sich an den Rändern jedes Flügelpaares befinden.

Nahrung: Adulte Vierflecke ernähren sich hauptsächlich von kleineren Insekten.

Vermehrung: Die eigentliche Paarung, die im Flug erfolgt, dauert nur ein paar Sekunden. Anschließend fliegt das Weibchen nur wenige Millimeter über der Oberfläche des Gewässers entlang und taucht dabei den Hinterleib immer wieder kurzzeitig ins Wasser, um insgesamt 600 bis 1000 Eier abzulegen. Während dieser Prozedur wird das Weibchen vom Männchen bewacht. Die abgelegten Eier sinken zum Gewässergrund, wo sie zwei bis sechs Wochen liegen bleiben, bevor aus ihnen die Larven schlüpfen. Diese halten sich fast immer am Grund oder zwischen dichten Wasserpflanzenbüscheln auf. Die Larven müssen mindestens zweimal, manchmal sogar dreimal im Gewässer überwintern, bevor sie sich in ein Vollinsekt umwandeln.

Lebensweise: Nach dem Schlupf aus der Puppe entfernen sich Vierflecke zunächst 10 bis 14 Tage lang von ihrem Gewässer, um anschließend dorthin zurückzukehren.

Stabwanze
Ranatra linearis

7–8 cm | M–O an Pflanzen | IV–VI | nein

Familie: Nepidae, Skorpionswanzen.

Verbreitung und Lebensraum: Stabwanzen sind von Europa bis in die gemäßigten Regionen Ostasiens verbreitet, wo dieses Wasserinsekt hauptsächlich in der Nähe des Schilf- oder Binsensaums größerer stehender Gewässer lebt. Stabwanzen kommen weitaus häufiger vor als zumeist angenommen. Aufgrund ihres stabförmigen Körpers werden sie aber oft übersehen oder für verwelkte Pflanzenstücke gehalten, wenn sie regungslos in der Unterwasservegetation verharren.

Nahrung: Neben Wasserinsekten und deren Larven werden auch kleine Kaulquappen, junge Fische und Würmer gefressen. Stabwanzen jagen ihre Nahrung fast nie im freien Wasser, sondern warten, auf Pflanzen sitzend, auf vorbeischwimmende Beute, die sie schnell mit den Fangbeinen greifen.

Vermehrung: Stabwanzen legen ihre Eier aufgereiht in schwimmende, abgestorbene Pflanzenstücke ab. Dabei werden die Eier tief in das pflanzliche Gewebe deponiert, während zwei fadenähnliche Anhänge schräg nach außen stehend herausragen. Diese Fäden dienen dazu, die Eier optimal mit Sauerstoff zu versorgen, wodurch der Schlupf der Larven begünstigt wird.

Lebensweise: Stabwanzen leben oft gesellig zusammen. Mitunter werden sogar gemeinsame Wanderungen unternommen. Da diese Wasserinsekten flugfähig sind, begeben sie sich oft auf dem Luftweg in neue Gewässer.

Wasserskorpion

Nepa rubra, syn.: N. cinerea

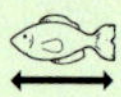
2,5–3 cm

B–M

IV–V

nein

Familie: Nepidae, Skorpionswanzen.

Verbreitung und Lebensraum: Das Verbreitungsgebiet des Wasserskorpions, der mit den Echten Skorpionen nicht einmal entfernt verwandt ist, erstreckt sich von Europa bis nach China. Wasserskorpione besiedeln sowohl stehende als auch langsam fließende Gewässer, wobei sie in fließenden Gewässern hauptsächlich in den Wintermonaten anzutreffen sind.

Nahrung: Es werden vor allem Wasserinsekten, deren Larven, kleine Kaulquappen, junge Fische und Würmer erbeutet.

Vermehrung: Die Weibchen legen ihre Eier an Pflanzenteilen ab, die sich direkt unter der Wasseroberfläche befinden. Die daraus schlüpfende Larve besitzt noch nicht das lange Atemrohr, das sich am Hinterleib der Erwachsenen befindet. Ihr winziges Atemrohr verlängert sich erst mit jeder Häutung, die die Larve durchläuft.

Lebensweise: Wasserskorpione sind keine schnellen, eleganten Schwimmer, sondern Lauerjäger, die sich bevorzugt im Flachwasserbereich oder zwischen dichten Pflanzenbüscheln aufhalten. Mit den klappmesserartigen Raubbeinen, die den Scheren eines Skorpions ähneln, werden die Beutetiere sicher ergriffen. Obwohl Flügelanlagen vorhanden sind, können Wasserskorpione nicht fliegen. Von Zeit zu Zeit begeben sich die Tiere zur Oberfläche, um mit ihrem Atemrohr atmosphärische Luft aufzunehmen.

Gemeine Köcherfliege

Limnephilus flavicornis

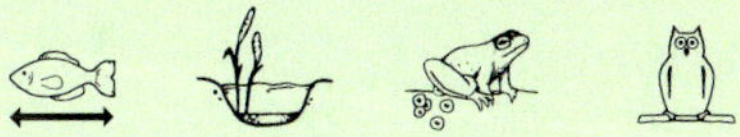

1–1,5 cm | U | VI–IX | nein

Familie: Limnephilidae, Köcherfliegen.

Verbreitung und Lebensraum: Gemeine Köcherfliegen kommen überall in Europa und den gemäßigten Regionen Asiens häufig vor, wo sich die adulten Exemplare sowohl in der Nähe stehender als auch fließender Gewässer aufhalten. Der Populärname dieser Insekten rührt von den köcherähnlichen Gebilden her, welche die Larven im Verlauf ihrer Entwicklung bauen und die zum Schutz gegen Fressfeinde dienen.

Nahrung: Die adulten Tiere nehmen während ihres kurzen Lebens sehr wahrscheinlich keine Nahrung auf. Die Larven ernähren sich von Kleinstlebewesen und winzigen Algen.

Vermehrung: Die Weibchen heften ihre bis zu 1 cm großen, von einer gallertigen Masse umgebenen Gelege bevorzugt an die Blätter von Uferpflanzen. Sobald die Larven aus dem Gallertlaich schlüpfen, fallen sie entweder direkt von den Pflanzen ins Wasser oder sie bewegen sich aktiv hinein. Im Wasser angekommen, spannen sie ein klebriges Drüsensekret auf eine Unterlage. Dieses Gespinst dient als erster Schutz, um sich von nun an dem eigentlichen Köcherbau zu widmen. Dazu schleppen die Larven Fremdkörper aus der näheren Umgebung zusammen, die sie mit dem Drüsensekret an das vorhandene Gespinst kleben. Das Verpuppen erfolgt ebenfalls im Wasser.

Lebensweise: Adulte Köcherfliegen sind vorwiegend dämmerungs- und nachtaktiv.

Mistbiene
Eristalis tenax

1–1,5 cm | U | IV–VII | nein

Familie: Syrphidae, Schwebfliegen.

Verbreitung und Lebensraum: Die Mistbiene ist in ganz Europa verbreitet und kommt fast überall häufig vor.

Nahrung: Die Vollinsekten ernähren sich ausschließlich von Nektar, den sie bevorzugt aus Doldenblüten saugen. Im Unterschied dazu filtern die überwiegend im Wasser lebenden Larven, die auch als Rattenschwanzlarve bezeichnet werden, mit ihren Mundwerkzeugen fressbare Partikel aus dem Bodensubstrat heraus.

Vermehrung: Mistbienen legen ihre Eier an feuchten Stellen des Uferbereiches ab. Nachdem daraus die Larven geschlüpft sind, wandern sie fast immer zu einem Gewässer, wobei so gut wie keine Ansprüche an dessen Wasserqualität gestellt werden. Im Flachwasserbereich graben sich die Rattenschwanzlarven gerne in weiche Bereiche des Bodensubstrates ein. Anschließend strecken sie ihre teleskopartig ausziehbare Atemröhre, die sich am hinteren Körperende befindet und länger als 80 mm sein kann, zur Wasseroberfläche.

Lebensweise: In Gartenteichen, die mit größeren Fischarten besetzt sind, haben Rattenschwanzlarven nur geringe Chancen sich bis zum Vollinsekt zu entwickeln. Meist landen sie vorher schon in den Mäulern der Fische. Rattenschwanzlarven begeben sich gelegentlich auf Landurlaub, indem sie einige Zeit auf feuchte Gegenstände am Ufer, wie etwa Steine und Wurzeln, kriechen.

Riesenschnake

Tipula maxima

3–4 cm | U | V–VI | nein

Familie: Tipulidae, Schnaken.

Verbreitung und Lebensraum: Die Riesenschnake, die eine Flügelspannweite von 65 mm erreichen kann, ist ein in Mitteleuropa weit verbreitetes Insekt.

Nahrung: Vollentwickelte Riesenschnaken ernähren sich hauptsächlich von Nektar, den sie aus den Blüten der verschiedensten Pflanzen saugen. Im Unterschied dazu fressen ihre im Wasser lebenden Larven hauptsächlich verrottende Pflanzenteile sowie Laubblätter, die in das betreffende Gewässer gefallen sind.

Vermehrung: Die Paarung erfolgt im Flug, wobei die Köpfe der Partner von einander abgewandt sind. Unmittelbar danach begibt sich das Weibchen zur Eiablage an eine schlammige Uferstelle. Dort versenkt es mit seiner Legeröhre die Eier im Schlamm. Die daraus schlüpfenden Larven führen eine aquatische Lebensweise, wobei sie sich zum Luftholen an die Gewässeroberfläche begeben müssen. Nachdem sich die Larven viermal gehäutet haben, kriechen sie zur Verpuppung aus dem Wasser. Das Puppenstadium verbringen sie in einer selbstgegrabenen Höhle.

Lebensweise: Die kurzlebigen Riesenschnaken halten sich gerne an schattigen Uferbereichen auf, wo sie vor allem in den Abend- und frühen Nachtstunden besonders aktiv werden. Im Unterschied zu den blutsaugenden Stechmücken, die mit ihren Stichen oft auch Menschen piesacken, ist die Riesenschnake völlig harmlos.

Laichkrautzünsler
Elophila nymphaeata

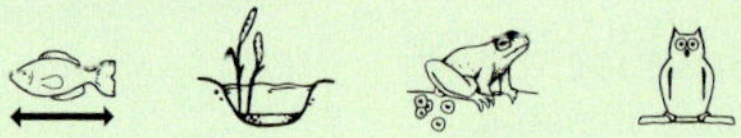

1–1,5 cm | U | VI–IX | nein

Familie: Pyralidae, Zünsler. Der Laichkrautzünsler wird auch oft als Seerosenzünsler bezeichnet, dann allerdings fast immer unter dem wissenschaftlichen Synonym *Nymphula nymphaeata*.

Verbreitung und Lebensraum: Diese zu den Kleinschmetterlingen zählende Zünslerart ist in Mitteleuropa weit verbreitet und hält sich bevorzugt in der Nähe stehender, möglichst warmer Gewässer auf, in denen üppige Bestände großblättriger Schwimmpflanzen wachsen.

Nahrung: In ihrem relativ kurzen Leben nehmen Laichkrautzünsler kaum Nahrung auf, wohl aber ihre Larven, die neben Laichkraut- auch Froschbiss- sowie Seerosen- und Teichrosenblätter fressen. Ein Massenauftreten dieser Larven zieht in Gartenteichen oft erhebliche Schäden an den Blätter der Schwimmpflanzen nach sich.

Vermehrung: Die Paarung erfolgt am Ufer oder auf Schwimmpflanzenblättern. Anschließend legt das Weibchen, indem es den Hinterleib geschickt über den Blattrand krümmt, seine gelblichen Eier an den Unterseiten der Schwimmblätter ab. Daraus schlüpfen nach 10 bis 14 Tagen die Larven und minieren zunächst das Blatt. Später beißen sie ein ovales Stück heraus, um aus diesem kleine, im Wasser treibende Schiffchen zu bauen, die ihnen als Behausung dienen.

Lebensweise: Beim Laichkrautzünsler handelt es sich um eine vorwiegend dämmerungs- und nachtaktive Art.

Rohrkolbeneule

Archanara sparganii

1–1,5 cm | U | VIII–IX | nein

Familie: Noctuidae, Eulenfalter.

Verbreitung und Lebensraum: Rohrkolbeneulen sind in den gemäßigten Klimazonen Eurasiens und Nordamerikas weit verbreitet. Dabei halten sie sich nicht nur an den Ufern von stehenden und fließenden Gewässern auf, sondern sind auch in Mooren, Sümpfen, auf Sumpfwiesen sowie in Auenlandschaften häufig anzutreffen. Von der Rohrkolbeneule treten zahlreiche Lokalformen auf, die sich unter anderem in der Färbung ihrer Vorderflügel unterscheiden können. So werden Exemplare mit dunkel kupferroten Vorderflügeln als forma rufa und mit weißlich gelben als forma clara bezeichnet.

Nahrung: Die adulten Rohrkolbeneulen nehmen keine Nahrung auf. Dagegen findet man ihre Larven nicht nur, wie es aufgrund des Populärnamens vermutet werden könnte, an den Blättern von Rohrkolbenarten, sondern auch an Sumpfschwertlilien und Igelkolben. Blattränder, die von den Larven angefressen wurden, erscheinen wie ausgefranst. Meistens ist die Schädigung aber nicht so stark, dass die Blätter anschließend absterben.

Vermehrung: Nach der Paarung suchen die Weibchen geeignete Wirtspflanzen auf, an der sie ihre Eier ablegen. Die daraus schlüpfenden Larven überwintern in abgestorbenen Pflanzenteilen und beenden im Juli des Folgejahres ihre Metamorphose.

Lebensweise: Die Flugaktivitäten der Rohrkolbeneulen konzentrieren sich auf die Dämmerung sowie die Nachtstunden.

Gerandete Jagdspinne
Dolomedes fimbriatus

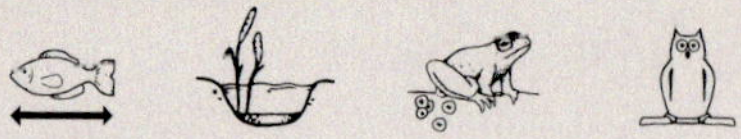

M 1–1,4 cm
W 1,5–2,2 cm | U | V–VI | ja

Familie: Pisauridae, Jagdspinnen.
Verbreitung und Lebensraum: Die Gerandete Jagdspinne ist in weiten Teilen Europas verbreitet, wo sie sich bevorzugt am Ufer stehender Gewässer sowie auf Feuchtwiesen aufhält. Diese Spinnenart ist in der Lage, problemlos auf dem Wasser zu laufen und kann außerdem sehr gut tauchen. Oft wird der Fehler begangen, Spinnen als Insekten anzusehen. Doch das ist völlig falsch. Beide Tiergruppen sind nicht näher miteinander verwandt. Abgesehen von zahlreichen weiteren anatomischen Unterschieden lassen sich Spinnen ganz einfach anhand ihrer vier Beinpaare identifizieren, während Insekten nur drei Beinpaare besitzen.
Nahrung: Neben kleinen Kaulquappen und jungen Fischen werden Insekten gefangen. Im Unterschied zu vielen anderen Arten errichten Gerandete Jagdspinnen zum Fangen der Beute keine Netze, sondern betätigen sich als Anschleich- oder Lauerjäger. Die Beutetiere werden durch einen giftigen Biss getötet und falls sich die Spinne nicht bereits an Land befindet, zum Fressen dorthin transportiert.
Vermehrung: Nach der Paarung spinnt das Weibchen einen etwa 1 cm großen Kokon, in dem es bis zu 500 Eier ablegt. Kurz vor dem Schlupf wird der Kokon an einem Gegenstand befestigt. Nach dem Schlupf werden die Jungspinnen noch zwei bis vier Wochen von der Mutter bewacht.
Lebensweise: Die Weibchen werden oft zwei Jahre alt und überwintern an Land. Männchen leben maximal ein Jahr.

Wasserspinne
Argyroneta aquatica

M 1–1,5 cm
W 0,8–1 cm

M–O

IV–VI

ja

Familie: Cybaeidae, Gebirgstrichterspinnen.

Verbreitung und Lebensraum: Das Verbreitungsgebiet der Wasserspinne erstreckt sich auf die gemäßigten Breiten der Nordhalbkugel, wo sie bevorzugt klare, stehende Gewässer besiedelt, die dichte Wasserpflanzenbestände und einen pH-Werte von deutlich unter 7.0 aufweisen.

Nahrung: Die Nahrung besteht zum größten Teil aus Insekten, die mit einem über dem Wasser gewebten Netz gefangen werden. Das Fressen der Beute erfolgt in einer in einer Luftglocke unter Wasser.

Vermehrung: Die Paarung erfolgt ebenfalls in einer Unterwasserluftglocke, in die auch die Eier gelegt werden. Bis zum Schlupf der jungen Spinnen vergehen rund drei Wochen. Während dieser Zeit und auch im folgenden Monat bewacht und umsorgt das Weibchen ihren Nachwuchs.

Lebensweise: Wasserspinnen bauen unter Wasser verhältnismäßig große Luftglocken. Zu diesem Zweck errichten sie ein horizontales Gespinst zwischen den Wasserpflanzen und holen dann mit Hilfe ihrer am Hinterkörper gekreuzten Beine atmosphärische Luft von der Wasseroberfläche. Diese herabgeholten Luftblasen werden unter dem Gespinst deponiert, so dass allmählich eine kuppelartige Unterwasserglocke entsteht. Wasserspinnen sind schwach giftig und können schmerzhaft zubeißen. Aus diesem Grund sollte man Berührungen unbedingt vermeiden.

Amerikanischer Flusskrebs
Orconectes limosus

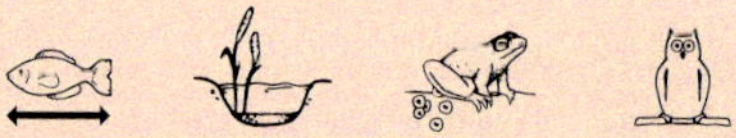

Familie: Cambaridae, Neuweltflusskrebse.
Verbreitung und Lebensraum: In seiner nordamerikanischen Heimat besiedelt dieser Krebs bevorzugt stehende und fließende Gewässer, welche sich in Mittel- und Hochgebirgen befinden. Um 1900 wurde der Amerikanische Flusskrebs, der gegen die Krebspest immun ist, in verschiedenen europäischen Gewässern eingebürgert, wo er sich vielerorts dauerhaft etablieren konnte. Gegenüber den einheimischen Arten besitzt dieser Krebs den Vorteil, dass er etwas stärkere Wasserverschmutzungen toleriert. Gegenwärtig behindert er aber in zahlreichen Gewässern die Regeneration der angestammten Krebse.
Nahrung: Dieser Krebs ernährt sich neben Aas und Pflanzen auch von kleineren Fischen, denen er eifrig nachstellt. Deshalb sollte er im Gartenteich nur mit Exemplaren vergesellschaftet werden, die mindestens 12 cm lang sind. Außerdem akzeptiert der Amerikanische Flusskrebs auch handelsübliche Futtertabletten für Fische.
Vermehrung: Die Ablage der 150 bis 600 Eier erfolgt circa sechs Monate nach der Paarung, also von März bis April. Bis zum Schlupf der Jungkrebse dauert es vier bis sechs Wochen.
Lebensweise: Diese außerhalb der Paarungszeit als Einzelgänger lebende Krebs gräbt niemals Wohnröhren, sondern sucht sich immer einen Unterschlupf unter Steinen, Wurzeln oder zwischen dichten Pflanzenbeständen.

Europäischer Flusskrebs

Astacus astacus

M bis 20 cm W bis 15 cm	B	X–XI	ja

Familie: Astacidae, Flusskrebse. Der Europäische Flusskrebs wird auch häufig als Edelkrebs bezeichnet.

Verbreitung und Lebensraum: In Mitteleuropa ist diese Art zwar weit verbreitet, aber dennoch sehr selten, weil viele Bestände vollständig durch die Krebspest, bei der es sich um eine Pilzkrankheit handelt, ausgerottet wurden.

Europäische Flusskrebse leben nur in sehr sauberen, langsam fließenden sowie größeren stehenden Gewässern, die einen hohen Sauerstoffgehalt aufweisen.

Nahrung: Neben kleinerem tierischen Futter, wie Schnecken, Mückenlarven und Würmern, wird auch Aas sowie pflanzliche Nahrung gefressen. Im Gartenteich lassen sich Europäische Flusskrebse mit Futtertabletten und rohen, in kleine Stücke geschnittenen Fisch sowie rohem Rinderherz füttern.

Vermehrung: Einige Tage nach der Paarung, bei der das Männchen das Weibchen auf den Rücken dreht, legt das Weibchen zwischen 50 und 400 befruchtete Eier. Diese Eier trägt das Weibchen in den folgenden sechs Monaten an ihren Hinterbeinen ständig mit sich. Dann schlüpfen die Jungen, die sich noch ein bis zwei Wochen am Körper der Mutter festklammern. Danach gehen sie eigene Wege.

Lebensweise: Außerhalb der Paarungszeit leben Europäische Flusskrebse als nacht- und dämmerungsaktive Einzelgänger. Einen Großteil der Tagesstunden verbringen sie in selbst gegrabenen Höhlen oder unter Wurzeln und Steinen.

Steinkrebs
Astacus torrentium

8–12 cm | B | X–XI | ja

Familie: Astacidae, Flusskrebse.

Verbreitung und Lebensraum: Steinkrebse kommen gegenwärtig nur noch sporadisch in einigen Gegenden Süd- und Mitteleuropas vor, wobei in Deutschland ihre nördliche Verbreitungslinie etwa auf Höhe des Mains verläuft. Am wohlsten fühlt sich diese Krebsart in sauberen, klaren Bächen, die keine besonders starke Strömung aufweisen und nicht übermäßig kalt sind. In seiner gesamten Erscheinung ähnelt der Steinkrebs sehr dem Europäischen Flusskrebs. Im Unterschied zu diesem sind aber beim Steinkrebs die Scheren auffallend lang.

Nahrung: Unter natürlichen Bedingungen wird pflanzliche und kleine tierische Nahrung gefressen. Im Gartenteich akzeptieren Steinkrebse auch Futtertabletten.

Vermehrung: Einige Tage nach der Paarung legt das Weibchen 40 bis 75 Eier, die sie bis zum nächsten Frühsommer an ihren Hinterbeinen mitträgt. Dann schlüpfen die Jungen, die sich bis zu ihrer ersten Häutung, die gewöhnlich nach 10 bis 14 Tagen erfolgt, an der Mutter aufhalten. Während ihres ersten Lebensjahres häuten sich die Jungen sechs- bis achtmal, weil es den kleinen Krebsen durch ihr schnelles Wachstum in den alten Häuten buchstäblich zu eng wird. Das Nahrungsspektrum der Jungkrebse ähnelt dem der Erwachsenen.

Lebensweise: Wie es für Flusskrebse typisch ist, schwimmt auch der Steinkrebs stoßweise rückwärts.

Sumpfkrebs

Astacus leptodactylus

16–20 cm | B | X–XI | ja

Krebse

Familie: Astacidae, Flusskrebse. Der Sumpfkrebs wird gelegentlich auch als Galizierkrebs beziehungsweise Galizischer Krebs bezeichnet.

Verbreitung und Lebensraum: Die ursprüngliche Heimat des Sumpfkrebses konzentriert sich auf Osteuropa, wo er vor allem in den Zuflüssen des Schwarzen und Kaspischen Meeres lebt. In Mitteleuropa wurde er gebietsweise eingebürgert. Charakteristisch sind für diese Art, die auffallend großen Scheren, an denen sich lange dünne Finger befinden.

Nahrung: Hauptsächlich wird kleine tierische Nahrung und gelegentlich auch Aas gefressen. Außerdem fressen Sumpfkrebse nach der Häutung oft mehr oder weniger große Teile ihres alten Panzers auf. Im Gartenteich lässt sich diese Krebsart an Futtertabletten sowie -pellets und rohen Fisch gewöhnen, der zuvor in kleine Stücke zerteilt wurde.

Vermehrung: Die Mutter trägt die bis zu 150 befruchteten Eier ein halbes Jahr an ihren Hinterbeinen, bevor daraus die Jungkrebse schlüpfen.

Lebensweise: Sumpfkrebse sollten, genau wie auch alle anderen Krebsarten, nur im Gartenteich gepflegt werden, wenn dieser über einen Zulauf kontinuierlich mit glasklarem Frischwasser gespeist wird, welches zusätzlich noch einen sehr hohen Sauerstoffgehalt aufweist. Außerdem darf die Wassertemperatur des Gartenteiches auch an heißen Sommertagen nie langszeitig über 20 bis 22 °C ansteigen.

Verzeichnisse

Literatur

ARNOLD, A. (1990): Eingebürgerte Fischarten, Ziemsen-Verlag, Wittenberg.

BAENSCH, H. A., PFAFFRATH, K. und SEEGERS, L. (2002): Gartenteichatlas, Mergus-Verlag, Melle.

BELLMANN, H. (1988): Leben in Bach und Teich, Bertelsmann Club, Gütersloh.

ENGELHARDT, W. (1996): Was lebt in Tümpel, Bach und Weiher? Franckh-Kosmos-Verlags-GmbH & Co., Stuttgart.

GEBHARD, H., NESS, A. (1997): Fische, BVL-Verlagsgesellschaft mbH, München.

GRABOW, K. (2000): Farbatlas Süßwasserfauna Wirbellose, Verlag Eugen Ulmer, Stuttgart.

GÜNTHER, R. (1990): Die Wasserfrösche Europas, Ziemsen-Verlag, Wittenberg.

GUTJAHR, A. (2005): Fische für den Gartenteich, Gräfe- und Unzer-Verlag, München.

GUTJAHR, A. (2005): Gartenteichfische, Franckh-Kosmos-Verlags GmbH & Co., Stuttgart.

HERRMANN, H.-J. (2000): Wer weiß was über Molche und Salamander? Tetra-Verlag, Bissendorf-Wulften.

HERRMANN, H.-J. (2001): Die Gartenteichpraxis, Tetra-Verlag, Bissendorf.

KOCH, M. (1988): Wir bestimmen Schmetterlinge, Neumann-Verlag, Leipzig-Radebeul.

MÜLLER, H. (1983): Fische Europas, Neumann-Verlag, Leipzig-Radebeul.

NÖLLERT, A. (1984): Die Knoblauchkröte, Ziemsen-Verlag, Wittenberg.

OBST, F. J. (1983): Schmuckschildkröten, Ziemsen-Verlag, Wittenberg.

PAEPKE, H.-J. (1983): Die Stichlinge, Ziemsen-Verlag, Wittenberg.

PFLEGER, V. (1984): Weichtiere, Artia-Verlag, Prag.

SCHAEFER, C. (2000): Fische im Gartenteich, Ulmer-Verlag, Stuttgart.

SCHIMANA, W. (1993): Wassergärten, Franckh-Kosmos-Verlags-GmbH & Co., Stuttgart.

STEINLE, CH.-P. und LECHLEITER, S. (2000): Goldfische, Verlag Eugen Ulmer, Stuttgart.

Bildquellen

Heiko Bellmann: Seite 114, 120, 121

Axel Gutjahr: Seite 10, 13, 14, 15, 16, 21, 22, 23, 27, 31, 32, 33, 36, 38, 41, 43, 48, 54, 58, 60, 66, 74, 82, 88, 108

Frank Hecker: Umschlagfotos und Seite 12, 20, 35, 46, 47, 112, 123

Dr. Hans-Joachim Herrmann: Seite 64, 68, 73

Frank Julich: Seite 2, 3, 5, 55, 56, 57, 61, 62, 63, 65, 69, 72, 75, 76, 77, 78, 79, 80, 81, 83, 84, 85, 86, 87, 89, 91, 92, 93, 94, 95, 96, 97, 98, 100, 101, 102, 103, 104, 105, 106, 107, 109, 110, 111, 113, 115, 116, 117, 122

Burkhard und Wally Kahl: Seite 19, 24, 26, 28, 37, 39, 52, 90

Frank Leo: Seite 6, 53, 71, 99, 118, 119

Alfred Limbrunner: Seite 59

Hans Reinhard: Seite 50

Dr. Andreas Vilcinskas: Seite 9, 11, 17, 18, 25, 29, 30, 40, 42, 44, 45, 49, 51, 67, 70

Die Piktogramme fertigte Benjamin Gutschke nach Vorlagen des Autors.

Register

Deutsche Namen

Wissenschaftliche Namen